賽局意識

看清情勢，
先一步發掘機會點的
終極思考

GAME-CHANGER

Game Theory and the Art of Transforming Strategic Situations

賽局理論企業顧問
大衛・麥克亞當斯 David McAdams 著　　朱道凱 譯

目錄

第 1 部　取得優勢策略的 6 種工具

第一章　創造誘因，讓對手許下承諾 —————

Airbnb 在房客入住 1 天後才付費，給予房客有機會確認屋
主按承諾提供如實的住宿條件。只要能改變對手的策略或
得失，你就能讓對手許下承諾，做你希望他們做的事。

關鍵概念 1：行動時機 —————————————

第二章　引入管制，改變參賽者的利益得失 —

菸商寧願遊說政府執行香菸廣告禁令，避開菸商間的囚徒
困境，不但減少訴訟費用，還因此增加營收。其實政府可
以利用管制或撥款來創造市場誘因，促使企業投入改善窮
人生活的商業活動。

關鍵概念 2：策略演化 —————————————

第二部　扭轉情勢的賽局贏家

各界推薦

《賽局意識》是一本罕見的賽局理論入門介紹，同時又提供新穎的觀點，說明參加賽局最好的策略通常是改變規則。我預見我有很多機會推薦它。

——諾貝爾經濟學獎得主
艾爾文‧羅斯（Alvin E. Roth）

理想上，企業策略書籍應提供適合各式各樣競爭形勢的通用見解，也應提供實際可行的策略規劃。《賽局意識》充分提供通用見解與策略規劃。

——微軟首席經濟學家
普雷斯頓‧麥卡菲（R. Preston McAfee）

賽局意識帶來的食安對策

——王道一

　　想像一下在台灣爆發食品安全風暴之前，如果你是正在跟頂新集團競爭的食品業者，你面臨的是什麼樣的狀況？你的競爭對手採用工業級的原料來製造食品，成本比你低、賣得比你好，然後對經營政商關係還很有辦法，能夠瞞天過海，讓一般人以為他賣的東西品質跟你一樣好。在這個時候，你會像義美董事長一樣，堅持一切按照規矩來，成本自己吸收、賣不完就算了，還是像其他業者一樣，乾脆放棄對食品品質的堅持，反正「大家都這麼做」？

　　這個情況，就是一個標準的「囚徒困境」，因為黑心的廠商透過引進劣質食材來壓低成本，能把價錢壓得比你低、把你的生意都搶走，也賺得比你多。而且，當大家都在黑心，即使你不黑心，別人也還是繼續黑心，所以你就變成「好心沒好報」，白白努力維持食品安全卻得不到任何回報。也就是說，「讓豬油矇了心」是每個廠商的「優勢策略」，無論在什麼情況下都是「最佳解」。但是，正如食安風暴所顯示的問題，這種「大家都讓豬油矇了心」的結果，

其實只是讓消費者對整個食品產業失去信心，甚至將之視為
「化工業」。

可是，在這種眾人皆醉的情況下，為什麼還是有像義美
這種中流砥柱呢？難道只是因為義美董事長有「良心」嗎？
不是的！除了憑著個人的良心之外，義美願意當中流砥柱至
少也有一部分是因為重複賽局所造成的效果。正如本書第六
章所說，只要建立信譽，消費者就會願意再次上門。因此，
當廠商希望永續經營，而不只是短暫地鮭魚返鄉的時候，他
們就會期待顧客再次光臨，以致有誘因跟老主顧搏感情、培
養長期關係，而不是撈一票就走。

而且，義美也建立本身的食品安全實驗室，對消費者做
出「捍衛食品安全」的承諾，讓消費者對他們的產品有信
心。這種做法正是本書第五章所講的「做出承諾、建立信
任」。而且，實驗室的建立也進一步改變了遊戲規則，因為
義美可以利用實驗室來嚇阻不肖供應商，因為黑心食材跟不
合格的食品添加物都逃不過實驗室的法眼。正如第四章所
說，身為後動者的義美透過事後抽驗，讓不肖供應商不敢輕
舉妄動，甚至自動打退堂鼓、放棄用次級食材來呼攏義美的
癡心妄想。

當然，義美是食品大廠，可以自力建立實驗室來維護食
品安全。相較之下，一般的中小企業不見得有這樣的人力物
力來籌建自己的實驗室。不過，食品小廠可以考慮一起合組

採購聯盟，共同監督供應商。一般來說，這樣的採購聯盟會增加買方在食材市場上的壟斷力，因此應該被禁止。但是在這個時候，落實食材的源頭管理有惠及消費者的額外效果（也就是經濟學家所說的「外部性」），也許可以另外考慮。畢竟透過採購聯盟確保食品安全，可以如本書第三章所述，利用合併或共謀來增加廠商的集體利益、甚至是整個社會的福祉。

最後，經過這一陣子的食安風暴，整個社會也會開始考慮如何落實食品安全管制，避免非食品級的原料再次流入食品產業。雖然政府如何介入管制是一個見仁見智的問題，而且管制失當反而可能造成更多問題，就像這次政府的 GMP 認證根本完全失去功效，但是正確的改變或創造新的誘因，確實能夠解決原本的囚徒困境，不論是採用直接管制，還是上面所提到的不同方法。

這些都是我們理解賽局理論的重要概念、培養了「賽局意識」之後，才能找到的食安「對策」，用以解決食品業者所面對的「囚徒困境」。

閱讀本書撰寫導讀的時候，驚聞數學天才約翰・納許車禍過世，心中感慨萬千。納許所發明的「納許均衡」不但是賽局理論最核心的概念，也是現代經濟理論最重要、最廣為使用的均衡概念，甚至到一個程度經濟學家都不再引用納許的原初論文，而是直接宣告所使用的是「納許均衡」，彷

佛這位作者遙遠到已經作古、直接在課本上占有歷史定位了。但其實納許本人的故事，也時常被人想當然耳、有意無意地誤解，特別是他如何面對精神疾病的部分。有趣的是，在描述納許生平的電影《美麗境界》上映時，我在加州大學洛杉磯分校的老師正好有機會在學術會議中遇到納許本人、詢問他對電影的看法。納許當時對電影的評價是「電影不錯看，但不是在講我（It's a good movie, but not about me）」。可見實際生活與想當然耳的刻板印象，其實有不小的差距。

　　同樣地，納許均衡大概也是最容易大眾被誤解、誤用的概念，以致連電影「美麗境界」也在介紹納許均衡的時候把定義講錯了。即使是在大學的「賽局理論」課堂上，也很少有教授能夠講清楚納許均衡等賽局重要觀念如何實際應用在現實的世界。但是，很高興有麥克亞當斯這樣的作者，願意在高深的學術研究之餘，還能用一般人能夠理解的方式來告訴大家賽局理論如何能夠實際應用在現實生活跟商業決策上。因此，如果你希望改變遊戲規則、扭轉情勢，就從好好培養賽局意識開始吧！（本文作者為台灣大學經濟系教授）

自序
用賽局策略改變人生

將賽局理論應用在商業上……可以在傳統策略規劃領域中產生（許多）前所未聞的策略方案，如合資、合併到新業務的拓展。

——貝爾大西洋公司董事長　雷蒙·史密斯

1996 年《財星》（*Fortune*）雜誌刊出一篇標題為〈商場如戰場：來自前線的報導〉（Business as War Game: A Report from the Battlefront）的文章，作者雷蒙·史密斯（Raymond Smith）表示，「將賽局理論應用在商業上」是他擔任貝爾大西洋公司（Bell Atlantic）董事長時，面對 1990 年代電信業劇變時期的致勝祕訣。[1]「賽局」（Games）是策略形勢，「賽局理論」（Game theory）是制定策略的技術和科學，但要將賽局理論應用於商場，不能只是精通和嫻熟策略而已。誠如史密斯所言，將賽局理論應用在商場上，需要「不同特質的公司經理人：行事靈活、思考嚴密，並對模稜兩可的情況有高度容忍力」，也需要「特別的公司，（能）培養開放、坦率和就事論事客觀討論的氛圍，使所有變數真正受到嚴格檢驗，而且不會有秋後算帳。」

我寫這本書的目的是引導你將賽局理論應用在人生每個

層面，包括應用在商業上。**賽局理論思考的核心是認清賽局永遠可以改變**。這本書要教你改變賽局，讓你享受超越競爭對手的策略優勢。這裡提到的方法有兩個不尋常之處。首先，雖然有很多類型的賽局值得認識，但我會一再提到囚徒困境賽局（Prisoners' Dilemma）。囚徒困境賽局很重要，有許多廣泛的應用，而我會專注在此是因為賽局理論提供許多逃脫這個賽局「困境」的方法。因此，囚徒困境很自然展現出賽局理論在實際應用上的威力和多重功能。

本書第一部探討 6 個改變賽局的方法（許下承諾、引入管制、合併或共謀、威脅報復、建立信任和培養關係），其中 5 個方法可以幫助我們逃脫囚徒困境，另外還會介紹 3 個重要的賽局理論觀念（行動時機、策略演化和均衡）。每個方法都會用單獨一章說明，重要的賽局理論觀念則用「關鍵概念」的欄目單獨呈現。我希望讀完第一部後，你會真正領悟到囚徒困境的奧妙，並學到一套賽局理論的概念工具，幫助你在面對許多類型的策略形勢時廣泛利用。

本書第二個不尋常的特點是，我會運用這些賽局理論方法解決真實的策略問題，以實際行動證明我的觀點。第二部提出六個急迫性的策略問題，從如何在網際網路上維持低價（案例 1）、如何在 eBay 上建立信任（案例 5），到如何拯救人類於來勢洶洶且似乎擋不住的可怕疾病（案例 6），這些問題的急迫性和重要程度不一。我會用賽局理論的方法來

辨別每一個問題的策略關鍵，然後發揮「賽局意識」（game-awareness），構思如何改變賽局，來解決或至少緩解這些問題。

　　所以，請準備好這趟學習之旅。你會成為一個更深思熟慮的策略思想家，並在商業或生活的所有賽局中準備好，取得策略優勢。

前言
培養賽局意識，掌握未來

智者先勝而後求戰，闇者先戰而後求勝。
    ——三國時期蜀漢丞相諸葛亮

「智者先勝而後求戰」這句話是三國時期偉大的政治家、學者和軍事統帥諸葛亮的名言。[1] 這句話聽起來也許單調空洞，但它道出一個基本事實。智者未戰先勝，因為他們會先認清所有可以打的仗，操縱戰略環境到對自己有利，然後才以必勝的自信去作戰。反之，無知者只是應付眼前的戰事，他們全憑僥倖和運氣，勝敗大部分不在控制範圍內。

我稱諸葛亮的智慧為賽局意識，這是一種張大眼睛觀看周遭策略世界的能力。賽局意識可以幫助你認知到你參與的賽局，避免無知帶來的許多危險。此外，一旦真正清楚生命中的賽局，你就可以採取步驟去改變它們，取得策略優勢。這就是為什麼除了培養賽局意識外，我把本書的重點放在從賽局理論的啟示中，學習改變賽局的技術。你可以因為精通這門技術，辨別和掌握別人看不見的策略機會，得到明顯超越同儕的優勢。

過去 40 年，賽局理論已經從一門冷僻的應用數學分

支，晉升為驅動許多社會科學知識進步最重要的引擎。如今，賽局理論在大學許多科系成為主要課程，從經濟學、政治學到企業經營策略，並逐漸蔓延到法律、財務管理、管理會計及社會企業等學科，甚至生物學和流行病學也會提到。

即使你從來沒聽過賽局理論，它的術語和概念也瀰漫在生活周遭。美國計劃撤軍對阿富汗塔利班發出什麼「訊息」（signal）？希臘債務違約會不會「傳染」（contagion），造成其他地方的金融危機？Sprint 公司對 4G 行動上網技術的早期投資是否因此產生「先行者優勢」（first-mover advantage）？這些賽局理論問題近年來充斥在新聞報導中。

▌商戰謀劃的工具

2005 年，《快速企業》（*Fast Company*）一篇宣稱企業界無人使用賽局理論的報導引起轟動。[2] 然而在這篇報導中，《快速企業》似乎沒有採訪到真正的企業領導人。企業領導人會說，賽局理論確實帶給他們及企業策略優勢。

首先，賽局理論幫助企業策劃戰術。在企業界，最明顯的賽局是戰術層次的賽局，包括如何訂價、如何推出一項新產品等等。世界各地的管理顧問在建議客戶如何在這類賽局取勝時，都以賽局理論來謀劃戰略。[3]

美軍作戰計劃人員早就知道賽局理論對戰術的重要性。

他們在進行重大作戰任務前會例行演練「兵棋推演」，由一組軍官扮演敵軍，瞄準目標攻擊。戰爭遊戲實屬必要，因為它會暴露己方原有的戰略弱點，最後讓計劃更臻健全。另一方面，麥肯錫顧問公司（McKinsey）調查全球 1,800 多位企業領導人，發現在擬定重要的企業決策時，約半數企業領導人竟然不考慮更多可能的方案，更不用說考量競爭對手可能有的反應了。[4] 由此觀之，如果你能以確實有效的方式運用賽局理論，必能助公司一臂之力。

其次，賽局理論提供可執行的洞見。我們被各種賽局包圍，包括許多無法控制、卻會影響我們的賽局。賽局理論提供概念上的洞見，使你能夠比別人更早洞悉和預測這類賽局可能會發生什麼事。例如，根據龍頭策略顧問公司摩立特（Monitor）的退休財務部主席湯姆·寇普蘭（Tom Copeland）所說：「賽局理論可以解釋為什麼寡頭壟斷往往不賺錢、並陷入產能過剩和過度建設的循環，以及傾向於在時機未成熟時過早執行實質選擇權（real options）。」[5]

最後和最重要的，賽局理論可以改變組織文化。公司不只是參賽者（player），還是許多賽局進行的場域，包括部門之間、員工與主管之間、企業主與管理階層之間、股票持有人與債券持有人之間的賽局。賽局理論可以幫助公司領導人創造必要的文化和組織架構，讓參賽者多贏共榮，發揮企業最大的潛能。

　　如自序所說，雷蒙・史密斯的重要洞見是，規劃企業策略的流程是公司內部進行的賽局。這項賽局常流於功能失調和徒勞無功，因為員工不敢公開質疑現狀，而經理人則有捍衛自己部門的本位利益。要改善這個賽局，就必須吸引與培植不同性格的參賽者（「行事靈活、思考嚴密，能高度容忍混沌狀態」），並激勵大家對計劃流程做出有意義的貢獻（藉由創造「開放、坦率和就事論事客觀討論的氛圍……而不會引起秋後算帳」）。這話說得沒錯，但計劃流程只是冰山一角。有賽局意識的管理團隊能改變每一件事，從激勵員工到培養買方與供應商的關係，以及更多層面。

　　賽局意識究竟能為企業做什麼？或許最好的例子來自傳奇企業通用汽車（GM）前執行長阿弗雷德 ・ 史隆（Alfred Sloan）。史隆是將賽局意識運用在現代管理最好的典範。他的傑出自傳《我在通用汽車的歲月》（*My Years with General Motors*，1963 年出版）充分顯示，史隆深刻了解汽車市場賽局，不僅徹底改變通用汽車，也改變整個產業。例如，史隆體會到流行和渴望對消費者的重要性，這促使通用汽車推出年度車款（每年有一款新設計），並鼓勵消費者以舊車換購新車。同樣的，史隆了解經銷商的誘因和策略（不）複雜性，導致通用汽車成為第一個提供買回庫存的製造商，及第一個實施整合會計制度的先驅者。最重要的，史隆明白他麾下每一個事業部的經理人都有競爭誘因，導致他

們僅會增加自己部門的利益。為了改變這個部屬之間的賽局，史隆創造一個新的組織形式，使公司成為事業部的聯盟，這對美國企業造成深遠持久的影響。

▌輕易取得策略優勢

即使是懂一些賽局理論的人，也不見得能在現實生活中應用。真實世界的策略互動從來不像談賽局理論的書籍或課堂上舉的例子那麼簡單，往往連真正在進行的賽局是什麼都不清楚。在這本書中，我們不會逃避這類複雜情況，或假裝它們不存在。相反的，我們會擁抱複雜性和模糊性，並視之為創造額外的機會和管道，供我們改變賽局來取得優勢。

例如，設想參賽者是「理性的」概念。理性行為有兩項要求：（1）對世界及自己的人生目標有清晰條理的觀點；（2）始終如一的追求個人利益。但我們之中誰能通過這麼嚴格的檢驗？我們之中誰能隨時隨地知道自己真正要什麼，而且從不屈服於誘惑或選擇自殺？總而言之，很明顯沒有人是真正理性。幸好，賽局理論不要求理性。* 確實，賽局理

---

* 事實上，賽局理論可以預測在某些環境中看似不理性的行為。例如，在金融界，資產交易價格持續高於固有價值時會出現「資產泡沫」。近年來，經濟學家已證明這種泡沫為何出現在投資者之間的賽局，甚至在所有投資者都知道資產價值過分高估之後仍繼續讓泡沫擴大。參見 Dilip Abreu and Markus Brunnermeier, "Bubbles and Crashes," *Econometrica*, 2003.

論完全適合作為參賽者的指導手冊，教導他們在潛在不理性的環境中擬定策略，包括是否應該適時表現出瘋狂的行為。

　　幾年前，當我還是麻省理工學院（MIT）史隆管理學院的新進教授時，我開了一門新型態的商學院課程，希望能更深入探討與應用賽局理論。2004 年第一次開課時，這門課只吸引 30 名學生，因為很少人願意冒險修一門未經試驗，由一位沒沒無名教授教的課。但這 30 個學生有了意想不到的收穫，他們學到張大眼睛觀察圍繞在身邊的賽局世界，準備好改變賽局，取得策略優勢，他們熱切地將這些消息散播給朋友和同儕。2005 年，選修這門課的學生增為 60 人，2006 年再攀升到 120 人，此後「運用賽局理論創造策略優勢」變成商學院最受歡迎的課之一。2008 年春季班學生的評語包括：「MIT 史隆管理學院最好的課」、「非常有趣、有挑戰性和很有用」、「極有效」及「可以學以致用」。

　　這門課最棒的部分是期末作業，學生分組找出某個（真實或虛擬）的人所面對的重要策略挑戰，然後寫一份具說服力、不含賽局術語的備忘錄，提供高明的建議。這些作業主題包羅萬象，包括：

- **企業經營策略**：例如，Google 電子錢包的前景，汽車業因應車價資訊網站 TrueCar.com 的對策。
- **公共政策**：例如，如何最有效運用資源來鼓勵紐奧良

人在卡崔娜颶風之後重返家園。

- **外交政策**：例如，如何馴服索馬利亞海盜的擄掠。
- **體育**：例如，如何增加 NBA 灌籃大賽的趣味。
- **家庭生活**：例如，如何讓一個剛學走路的小孩睡自己的床。
- **歷史小說**：例如，羅馬帝國巡撫彼拉多（Pontius Pilate）應該怎麼處理耶穌這個拿撒勒人的麻煩案件。（編注：彼拉多判處耶穌釘在十字架上）
- **有趣話題**：例如，電視影集《歡樂單身派對》女主角伊蓮如何在第 129 集節目弄到一件美得冒泡的名牌服裝。

這些學生的作業使我完全相信，**如果帶著智慧和謙卑，適當運用賽局理論，就能產生出一股強大和正面的變革力量**。寫這本書的目的不外乎是為了散播這個好消息，使你也能成為賽局理論的信徒，並提供工具和能力去運用賽局理論，讓你得到最多的正面效果，不僅在任何賽局中取勝，而且改變賽局與其策略生態系統，來改善你我的生活。

當然，面對許多棘手問題，光靠賽局理論並無法解決：在生活周遭，我們面對家庭和工作問題；在國家舞台，我們面對政治和公共政策問題；甚至對全人類來說，我們要處理對抗疾病和充滿仇恨的意識形態生存問題。不過，即使在這

些例子中，運用聰明的策略思考就能辨別出問題的主要成因。適當應用賽局理論可以指出實際可行的解決方案，同時也凸顯（在還沒太遲之前）可能讓情勢惡化的後果。

　　儘管如此，如果使用不當，賽局理論也會捅出簍子。在建構賽局模型的過程中常會出現一些情況：不加批判地接受模型中隱含的假設，誤信模型產生的預測和建議，理盲地無視於環境正在改變。要克服上述模型建構者的毛病，需要賽局理論家有紀律、活力和永遠保持彈性的心態。缺乏這種心態或是使用這種賽局意識所產生的賽局理論，比沒有用賽局理論來思考還糟，甚至會帶來危險。

▌水能載舟，亦能覆舟

一知半解是危險的事情。知道太多同樣危險。
　　——愛因斯坦

　　根據 2012 年蓋洛普（Gallup）的調查，45％的美國家庭有槍。[6] 槍枝提供保護，但也製造新的危險。所幸這些危險可以靠訓練（例如，學習如何安全和正確地射擊）及採取最佳措施（例如，把武器藏在兒童搆不到的地方）來減輕。數學理論則不同，往往只在最訓練有素和技術專精的人手中才會變成真正危險的工具。

案例：牛頓的炒股失誤

我能計算天體運行，但不能計算人的瘋狂。

　　——牛頓，1720 年

　　牛頓爵士是他那個時代的天才。身為牛頓物理學和微積分的發明者，牛頓相信他能利用分析技能在股市賺錢，畢竟牛頓比同時代的人更懂運動定律，他肯定能應用這個知識打敗資質平庸的證券商或散戶投機客。而且，1720 年英國股市剛起步，是能賺很多錢的絕佳年頭。價格波動極大，能預測未來價格走勢的人必定能賺大錢。

　　南海公司（South Sea Company）的股票特別吸引牛頓的目光。創立於 1711 年的南海公司是一家壟斷南美洲西班牙殖民地貿易的特許公司。[7] 對 18 世紀初的投資者來說，沒有什麼比從新世界貿易賺到數不清財富更令人興奮的前景了。1720 年，這個狂熱導致南海公司股票暴漲 10 倍，從 1 月每股 100 英鎊漲到 7 月將近 1,000 英鎊，然後又在 12 月跌回約 100 英鎊。那些乘浪而起，並在「南海泡沫」（South Sea Bubble）破滅前退場的人賺到無數財富。[8] 但每一個大贏家背後都有一個同樣大的輸家。

　　牛頓就是最大的輸家之一，損失高達 1 萬英鎊，當時一個中產家庭年收入如果有 200 英鎊就可以舒服過活了。牛頓在日記中抱怨他猜不透「人的瘋狂」，因為他們不按牛頓預

測的牌理出牌，所以他的損失是別人的錯。事實上，牛頓不
該怪任何人，只能怪過度相信自己的分析。

　　牛頓的萬有引力定律和動量守恆定律只適用在沒有生命
的物體，如星球及其他天體，因為無生物缺乏意志去追求自
己的目標。當美國太空總署（NASA）送新的太空船去探測
火星時，有很多複雜因素和變數需要考慮，但有一件事
NASA 不必操心，那就是火星絕不會看到太空船要來就躲，
但那正是賽局會發生的情形，包括股市，[9] 從牛頓的時代到
今天，都是如此。

案例：避險基金的套利幻覺

讓你陷入麻煩的不是你不知道的事情，而是你以為你知道但
其實不然的事情。

　　——馬克·吐溫

　　1973 年，費雪·布萊克（Fischer Black）、麥倫·休斯
（Myron Scholes）及默頓·米勒（Merton Miller）發表兩篇
學術論文，闡述如何為選擇權（option）訂價，當時選擇權
是一種深奧難解、鮮少交易的金融契約。兩篇論文改變金融
界，並為休斯贏得 1997 年諾貝爾經濟學獎。[10] 這項研究最
耀眼的成就是布萊克—休斯方程式（Black-Scholes
formula），幫助交易員根據理論發現「價格錯誤」的選擇

權。這促使一個新類型的「風險套利者」誕生，他們一個個都在布萊克—休斯方程式的基礎上買賣選擇權，賺錢如手到擒來，至少有一陣子如此。

但好景不常，1998 年，隨著避險基金長期資本管理公司（Long-Term Capital Management，LTCM）崩垮，以及接踵而至的金融市場危機，一切化為烏有。要知道這個方程式有個小問題：幾乎所有經驗豐富、資本雄厚的金融投資者都根據布萊克—休斯方程式下注，通常以巨額、高槓桿的方式舉債操作，其債務大到可以撼動市場。當有筆賭注在 1998 年中出問題時，人人必須拋售選擇權來還債，而市場卻苦無買家。這產生所謂的「流動性危機」（liquidity crisis），不僅摧毀長期資本管理公司，還幾乎拖垮整個市場。*

反諷的是，布萊克—休斯方程式只有在廣為人知與廣泛採用後才會失準和失效，布萊克—休斯方程式因此變成危險的知識。諾貝爾經濟獎得主默頓·米勒事後表示：「問題是……長期資本管理公司的災難是否只是一個特殊孤立的事件，只是運氣不好；或是說布萊克—休斯方程式本身就是個災難，這個方程式讓市場參與者產生避開所有風險的幻覺。」[11] 更多的賽局意識可以幫助交易員避免這場危機，看

---

* 這不是誇大之詞，紐約聯邦準備銀行總裁威廉·麥克唐納（William J. McDonough）曾表示，若不出手干預，長期資本管理公司的危機會使「市場……很可能停止運作。」

清楚他們的投資決策如何在策略上互相糾結。

　　牛頓及長期資本管理公司的創辦人都是聰明絕頂、富有創意的數學家，怎麼會看不出分析的局限，以及投資策略的內含風險？部分問題可能出在他們依賴數學。數學建立在邏輯和證明上，產生的數學論證常常被視為比直覺和經驗觀察更權威。但是，數學提供的「證明」取決於公式的假設。因此任何以數學做出真實世界的決策，都必須認知到世界如何真正運作，包括真正進行的賽局是什麼，來補充分析。

　　一個更深層的議題是，數學改變我們觀察局勢的方式。有一項著名研究是叫大學生在業務衰退時期，以經理人的立場，決定該裁減多少員工。當這個問題以數學形式提出，也就是用公式來說明利潤，而非用圖表顯示時，裁減員工的數目遠遠比其他方式思考問題還多。[12] 一旦用公式來擬定裁員決策，就算是哲學系學生都會變成冷酷無情的老闆。

　　用數學形式呈現問題會使學生從另一個角度思考裁員，只看盈虧底限，不考慮真實當事者的情況。有些企業領導人可能會說這是好事，情感和同情心在企業無立足之地。但這明顯是個錯誤。想要取得長期利潤，需要依賴積極的員工、忠誠的客戶群和可靠的供應商網絡，如果你只注重下一季數字，這些資源都無法正確培養出來。

　　成功的企業領導人必須在人際關係上進行投資，但要怎麼做？加薪會不會激勵員工更聰明地做事？折扣能不能買到

顧客忠誠？我們知道錢不是全部的答案，因為精力最充沛和專心致力的員工往往要求最低工資（如慈善事業志工），最忠誠的顧客常常付出最貴的價格（如蘋果電腦和 iPhone 迷）。慈善事業和蘋果之類的企業已學會激起並利用員工和顧客的熱情，來達到降低勞動成本、提高利潤的目標。

同樣原則適用於一切企業，甚至是枯燥乏味的企業。更穩固的人際關係可以轉化成更大的利潤，但培養這種關係需要賽局意識，方能了解其他人的真正動機。不僅如此，賽局意識還允許我們避免落入陷阱和不必要的錯誤，這些錯誤發生在賽局中我們沒預料到的隱藏參賽者、隱藏的選項和隱藏的相關性。在商場上，缺乏賽局意識可以造成幾百萬美元的損失，並讓公司難堪；在戰爭中，缺乏賽局意識會斷送數千人的性命，甚至改變國家的命運。

顯然我們很需要賽局意識，尤其是董事會和做決策的軍事將領。更廣泛來說，在人生的道路上，我們都需要賽局意識，因為在策略互動中具有創造巨大失敗或驚人成功的機會。或許更重要的是，我們需要把更多賽局意識運用在我們的學校和家庭，使我們能夠鞏固家庭，並幫助子女準備好面對一個充滿策略機會、但也危機四伏的未來。只有扭轉情勢的賽局贏家才能掌握未來，從未來中取勝。

PART

1

取得優勢策略的
6 種工具

成功的企業策略會積極形塑你所參加的賽局，而非僅僅參加你找到的賽局。
——布蘭登柏格與奈勒波夫《競合策略》

賽局理論最大的威力就在洞察賽局本質，並闡明改進賽局的途徑。本書的目的是要讓讀者更深入認識賽局理論，引導讀者成為真正的賽局改變者，能積極形塑所參加的賽局，在企業和人生中先勝後戰。

　　各行各業的領導人，包括立法者、政策制定者、企業執行長、經理人、社會專家、潮流引領者、學界教授和行政人員，都要面對無數決策，這些決策形塑他們與其他人參加的賽局。本書提供領導人一套威力強大的工具，可以藉此發揮影響力，甚至取得更大的策略優勢，按照自己的需求方向改變世界。但這套工具不是只有名家權貴才能使用，我們每個人每天都有機會形塑我們參加的賽局，每個人都需要賽局理論的啟示。

　　本書第一部要闡述賽局理論工具，說明 6 種改變賽局、取得策略優勢的方法：

1. 許下承諾（第 1 章）
2. 引入管制（第 2 章）
3. 合併或共謀（第 3 章）
4. 威脅報復（第 4 章）
5. 建立信任（第 5 章）
6. 培養關係（第 6 章）

　　第二部會將這些工具應用在實際生活中。（有興趣的讀者可以在 McAdamsGameChanger.com 網站找到更新的資料。）

第一章
創造誘因，讓對手許下承諾

噢！我的戰士，你們將逃往何處？後有大海，前有敵人。你們現在僅剩的希望是勇氣和忠誠。
　　——西元 711 年，塔里克將軍在軍隊登入西班牙後，放火燒掉船艦時說的話

　　西元 711 年，烏麥亞王朝（Umayyad Caliphate）的塔里克將軍（Tariq ibn Ziyad）率領穆斯林軍隊攻占伊比利半島。盛傳塔里克在渡過直布羅陀海峽後（直布羅陀即以他的名字命名，意指塔里克的山峰），[1] 在面對（並擊潰）西哥德族（Visigoths）國王羅德里克（Roderick）領導，人數相對較多的軍隊之前，放火燒掉自己的船艦。事實上，塔里克很可能並未焚船。[2] 他的部下是剛皈依伊斯蘭教、驍勇善戰的柏柏族勇士，他們迫不及待上戰場殺敵，沒必要以此強化他們的決心。況且塔里克在羅德里克的軍官中培植祕密盟友，他們將在戰役的決定性時刻倒戈，早已播下幾乎確定勝利的種籽。

　　就算塔里克沒有燒掉船艦，「傳奇故事中的塔里克」還是燒了，西班牙人傳誦這個故事已經有幾個世紀。西班牙征服者荷南・寇蒂斯（Hernán Cortés）當然對這個故事耳熟能

詳，1519 年，他模仿塔里克，在他的艦隊靠近墨西哥維拉克魯茲（Veracruz），即將面對（並擊潰）人數眾多的阿茲特克族（Aztecs）國王蒙特祖馬（Moctezuma）領導的軍隊之前，放火燒掉所有船隻，只剩下一艘。塔里克和寇蒂斯的手法如此雷同，很難想像寇蒂斯沒有效法之意。

兩人都出身寒微（塔里克原是奴隸，寇蒂斯則來自「次等貴族」家庭），在帝國攻城掠地的長期征戰中，全憑戰功爬到位高權重的職位。兩人都領導遠征軍，最後都以寡擊眾的打敗原住民軍隊（塔里克打敗西哥德人，寇蒂斯打敗阿茲特克人），攻占新領土（塔里克征服西班牙，寇蒂斯征服墨西哥）。兩人都靠偵查探知異族內部分裂並藉機利用而獲勝。但兩人的遠征均未獲得上司授權，甚至都是直接反抗嫉妒他們、命令他們放棄遠征計劃的上司（塔里克違抗北非總督慕沙〔Musa〕，寇蒂斯違抗古巴總督維拉斯奎茲〔Velázquez〕），儘管戰功彪炳，兩人事後卻都受到懲戒（塔里克被短暫囚禁，寇蒂斯只被冊封不重要的榮譽職）。

寇蒂斯也許模仿塔里克征服伊比利半島之役的許多特點，但兩者有一個重要差異：寇蒂斯留下一艘船未燒。寇蒂斯對他的部下說：

至於我，我已經選擇盡我的本分。只要有一個人跟著我，我就會留下來。如果這裡有任何膽小鬼，不敢與我們分擔這光

榮事業的危險，看在上帝份上，讓他們回家吧！這裡還剩一艘船。讓他們乘船回古巴，回家說如何背叛統帥和同袍，並耐心等待我們滿載阿茲特克的戰利品歸來。

　　留下一艘船是神來之筆，因為它強迫寇蒂斯的每個部屬選擇去留，同時也製造強烈的社會壓力，不讓人成為少數逃回古巴的膽小鬼。一旦選擇留下，他的戰士就在心理對這項任務做出承諾，倘若寇蒂斯破釜沉舟毀了整個船艦，把他們當作人質，就不可能得到這種承諾。

　　寇蒂斯讓船沉沒的決定常被當成是承諾的範例。不過，這個決定對寇蒂斯本人來說，並不是有意義的承諾，因為他計劃留在墨西哥一陣子，並不需要艦隊。相反的，他的部屬因為不可能全部離開，還有他創造留下來的新誘因（不要被人當成膽小鬼），做出不回古巴的承諾。

　　要其他人承諾做你希望他們做的事是一個明顯的訴求。如果你能改變其他人可施展的策略，以及（或者）改變他們的得失，如寇蒂斯所為，你就可以誘導他們採取對你有利的行動，藉此取得策略優勢。這個概念甚至可以用在跟自己競賽的賽局，例如當我們為了抗拒自我毀滅的衝動而許下承諾的時候。

案例：用減肥債券抗拒誘惑

人不是被敵人或仇家逼向邪惡之路，而是被自己的心智誘
惑。

——佛陀

抓住我，把我綁在中間的橫桿上；讓我站在上面，牢牢綁住
我，不要鬆綁……如果我苦苦哀求你們鬆開，那就把我綁得
更緊。

——荷馬史詩《奧德賽》，當船接近海妖賽倫之島時，
奧德修斯對他的水手說的話

你可能和我一樣，大部分時間都被綁在辦公桌前。你可
曾注意到，你在辦公室坐著不動，反而比起身走動吃更多零
食，這是說坐著不動需要更多能量嗎？一個明顯的原因是零
食唾手可得，但不明顯卻同樣實際的原因是，坐著工作影響
我們抗拒誘惑的能力。

科學期刊《食欲》（*Appetite*）最近刊登一篇電腦上班族
的巧克力消耗量研究報告。[3] 研究對象可以在休息時間隨意
從一個擺在顯眼位置的碗中拿走巧克力，愛拿多少就拿多
少。不過每一個研究對象一開始會被要求快走 15 分鐘或冥
想 15 分鐘。運動有消耗卡路里的明顯效果，常被視為是一
件好事。因此，想當然耳，做運動的人會多縱容自己一點，
吃更多巧克力。實際上，那些做運動的人巧克力吃得較少，
平均 15.6 克，冥想者則是 28.8 克。

　　這怎麼可能？主要理論似乎在說，運動會影響腦部分泌的化學物質，抑制你的食欲和對巧克力等零食的渴望。因此，當你選擇運動時，你是藉著改變未來想吃巧克力的欲望，跟「未來的自己」進行一場賽局。[4] 以我為例，我有空跑步的時間大部分在上午，吃零食的機會則多在下午。「上午的大衛」從來不想跑步，但如果跑步能阻止「下午的大衛」吃太多零食，那上午的大衛就願意去跑步。只要大衛跑完步後下午不想吃零食，那就不會有太嚴重的吃零食問題。因此，在預期「除非我運動，否則下午的大衛會吃零食」的情況下，上午的大衛會衝上跑道。

　　有時要找出解決方案沒那麼容易。想想減肥問題，現在的你如何激勵未來的你真正下功夫減肥？僅僅今天少吃一點是不夠的，因為未來的你可能會大吃特吃，讓減掉的體重全長回來。2006 年《富比士》（Forbes）雜誌有篇文章說，[5] 經濟學家伊恩‧艾瑞斯（Ian Ayres）與貝瑞‧奈爾巴夫（Barry Nalebuff）想像一個可以解決這個問題的新事業：發行「減肥債券」（weight-loss bond）。想減肥的人可以花 1,000 美元買減肥債券，然後，只要達到約定的減肥目標，他們就會獲得高於市場的報酬率。艾瑞斯與奈爾巴夫的事業可以賺錢，因為有些減肥者會「違約」，而減肥的人會因為有不只一個減肥誘因而受益。

　　減肥債券就是讓現在的你激勵未來的你堅持減肥計劃的

辦法，在這個意義上，買減肥債券就很像寇蒂斯的沉船決定，都有個參賽者（寇蒂斯、現在的你）承諾另一個參賽者（寇蒂斯的部下、未來的你）做他希望後者做事的手段。

　　承諾要有效，只有在做得夠早（和夠明顯），能夠影響到其他人決策的時候。因此，任何人做出承諾都需要「先出招」（move first），意思是在其他人做成決定之前先承諾。但一般人說的「先出招」，通常指更早或更快採取行動。在本章其餘部分（以及接下來的「關鍵概念」），則會從策略觀點，探討先出招的真正意涵。

▍先出招，承諾才有效

帶最多人最早到那裡。
　　——南北戰爭時期南方騎兵指揮官佛瑞斯特將軍談戰場
　　　上致勝的關鍵

　　「早起的鳥兒有蟲吃。」也許對鳥來說是這樣，但對企業來說，第一個進入新市場有時未必是優勢。如行銷學教授傑若德·提利斯（Gerard Tellis）與彼德·戈德（Peter Golder）在《野心與願景》（*Will and Vision: How Latecomers Grow to Dominate Markets*，2001 年出版）中所言：「率先開拓市場對於長期成功並非充分必要。」的確，很多被認為是先驅者的公司，其實是產業後進者，像是柯達公司

（Kodak）推出照相機（柯達在 1888 年進入市場，而銀版照相術早在 1839 年出現），寶僑家品（Procter & Gamble）推出紙尿布（寶僑在 1961 年推出幫寶適紙尿布，嬌生公司早在 1934 年就推出 Chux 牌紙尿布），全錄公司（Xerox）推出影印機（1959 年全錄進入市場時，面對大約 30 家影印機製造商的擁擠市場），蘋果公司推出個人電腦（蘋果電腦 1976 年問世，比 MITS 公司的 Altair 電腦晚了 18 個月）。

　　這些公司多年來占有優勢地位，不是因為它們做得最早，而是因為它們做得最好。想想蘋果公司。第一台平價個人電腦不是 Apple-I，而是微儀器與遙測系統公司（Micro Instrumentation and Telemetry Systems，MITS）的 Altair。Apple-I 在 1976 年 7 月推出，同一個月《商業週刊》（*BusinessWeek*）登出〈微電腦風潮湧起〉的報導，[6] 稱 MITS 為「家庭電腦業的 IBM」，並報導 MITS 的「早期領先，已使它的設計成為實際的產業標準」。的確，Altair 在硬體上（S-100 匯流排的電腦內部數據傳輸方法迅速成為產業標準）和軟體上（作業系統 Altair BASIC 是微軟第一個產品）都明顯領先。但很少人聽過 Altair，因為 MITS 採用一種失敗的企業策略。Altair 出售時沒有組裝，業餘愛好者需要自行組裝零件，而且使用者介面極為受限，基本上只是一堆開關和燈泡。這為蘋果開了一扇門，以預先組裝的個人電腦，附帶容易使用的影像顯示器進入市場。的確，「後進市

場」實際上可能是蘋果的優勢，因為當它設計 Apple-I 時，可以從 Altair 的缺點學習。

其他時候，搶頭香絕對必要。這方面最好的證據莫過於軍事戰役，先完成布陣（與搶占有利陣地）的一方常享有決定性的優勢。當然，快速移動部隊也相當危險，因為可能造成補給線緊張、強迫指揮官盲目趕路。這也許可以解釋為何只有最出類拔萃的指揮官能將速戰速決的需求轉化為可長可久的戰略優勢。當這些稀有的指揮官出現時，他能扭轉整個戰爭的方向。二次大戰時期的坦克戰術大師，納粹陸軍元帥隆美爾（Erwin Rommel）就是這類賽局改變者。

更好的例子也許是南方邦聯將軍佛瑞斯特（Nathan Bedford Forrest）。南北戰爭史學家薛比・福德（Shelby Foote）與布魯斯・凱敦（Bruce Catton）形容佛瑞斯特：「南北戰爭只彰顯兩位軍事天才。一位是亞伯拉罕・林肯，另一位是佛瑞斯特」；「佛瑞斯特運用他的騎兵，猶如現代將領運用機動化步兵……佛瑞斯特說，戰略的本質是『帶最多人最早到那裡』，所言不虛。」

佛瑞斯特參戰時是一名沒受過教育的小兵，但戰爭結束時是南軍最令人敬畏的將軍。北軍將領薛曼（William Tecumseh Sherman）曾上書他的司令格蘭特將軍（Ulysses S. Grant）：「我會命令他們追殺佛瑞斯特至死，即使犧牲 1 萬條性命、拖垮國庫也在所不惜。除非佛瑞斯特死去，田納西

圖 1　賽局改變者──隆美爾（左）與佛瑞斯特（右）

州永遠不得安寧！」當然，佛瑞斯特是一個兇殘的人。據傳在戰爭期間他曾騎死 30 匹馬，但親手殺死 31 名北軍。「最後我贏了一匹馬，」他說。

在整個南北戰爭期間，佛瑞斯特能夠迅速（無畏地）布陣騎兵隊與重新布陣，這是他能一次又一次打敗更優越的北軍的關鍵。例如，1864 年，北軍將領史杜吉斯（Samuel Sturgis）在密西西比州北部的布里斯十字路（Brice's Crossroads），以幾乎兩倍的兵力突擊佛瑞斯特。佛瑞斯特毫不畏縮，趁史杜吉斯的部隊仍在移動，積極進攻，與史杜吉斯的騎兵隊交鋒，在其餘隊伍趕到之前打敗他的騎兵隊。

失去騎兵後，北軍看不見佛瑞斯特的動向。當他攻擊離他們陣地後方不遠的一座橋時，北軍擔心的最壞情形發生了，佛瑞斯特已經找到方法從背後攻擊他們。史杜吉斯下令全面撤退，迅速淪為一場混亂、恐慌的潰敗。繼之而來的追逐綿延六個郡，直到最後佛瑞斯特的人馬太累，無法再追擊更多逃亡的北軍，這場戰役下來，超過 1,500 名北軍被俘虜。

在任何戰役，無論在商場或是戰場，戰鬥人員的求勝欲望產生的對抗動力，甚至會壓過誰先出招的問題。在戰場，像佛瑞斯特這樣的將軍可能搶先占領制高點，但在商場，精明的公司也許按兵不動，希望激起其他人率先開拓一個新市場。但並非所有賽局皆如此，有時候，如下面要說的例子，大家都同意應該要先出招。

案例：Airbnb 解決屋主欺騙問題

HomeAway 公司是民宿出租（vacation rental by owner，VRBO）市場的巨擘，擁有許多高人氣網站，包括HomeAway.com、VRBO.com、VacationRentals.com 及BedandBreakfast.com。光是 HomeAway.com 就提供「超過32 萬 5,000 個度假屋可供選擇」。然而，登錄了這麼多民宿，很難保證每一筆登錄資料都正確。這不令人意外，有些屋主會鑽漏洞，用騙人的廣告描述他們的房產。網路世界甚

至給這個現象取了一個名字：「SNAD」（significantly not as described：描述嚴重不符）。

HomeAway.com 的用戶 vixen25 在 HomeAway 社群討論版描述她的 SNAD 經驗：

所有事都極度誇大。房子到海灘的距離不是用走路來算（至少開車 15 分鐘），廚房沒有煮飯用的大平底鍋（儘管房子租給 14 個客人），洗碗機壞了……諸如此類，罄竹難書。[7]

vixen25 起碼還有地方可以住。2011 年 11 月，在一篇〈民宿出租騙局日益嚴重〉的文章中，[8] 致力促進消費者權益的克里斯朵夫・艾略特（Christopher Elliott）提到一則更不幸的故事，苦主是丹妮雅・瑞本（Tania Rieben）。瑞本女士透過 VRBO.com 找到夏威夷茂宜島一處民宿，匯了六星期的租金 4,300 美元給屋主，卻發現此人的 VRBO.com 帳戶遭駭客入侵，她的錢落入騙徒手中。更糟的是，不論屋主或 VRBO.com 都無法為她的損失負任何責任，她落得錢也沒了、假期也泡湯了。

從賽局理論的觀點來看，這件事的根本問題與行動時機有關：房客必須在他們能夠查核房子是否如廣告所言之前預付租金，這給予不肖屋主誘因，去刊登不實廣告。所幸，一個叫做 Airbnb.com 的新網站異軍突起，以創新的商業模式

來解決問題。Airbnb 的做法是，房客直到入住 24 小時之後才付費。這給予房客有機會檢視房子，而騙人的屋主拿不到錢。[9] 預期到這點，屋主有誘因如實描述他們的房子，而騙子就算駭入屋主的帳戶，也拿不到錢。

在這樣一個系統中，人人是贏家，房客不必擔心詐欺或 SNAD。唯一潛在輸家是 HomeAway 公司，它的系統不能產生相同程度的自動信任，因此市場可能被 Airbnb 的經營模式入侵。這或許解釋了為什麼後起之秀 Airbnb 在 2011 年 7 月市值估計高達 10 億美元。[10] HomeAway 執行長布萊恩‧夏普斯（Brian Sharples）最近向《華爾街日報》（*Wall Street Journal*）表示他並不擔心，「那些傢伙很棒，（但）沒有我們好」，[11] 但也許他應該擔心。更好的作法是向 Airbnb 學習成功之道，設法讓 HomeAway 的屋主「先出招」，使度假者能對 HomeAway 的民宿品質更有信心。

不能先出招該怎麼辦？

2000 年 10 月，索尼公司（Sony）推出有史以來最暢銷的電子遊戲機 PS2。（到 2011 年 1 月為止總共賣出 1 億 5,000 萬台 PS2 遊戲機與 15 億套遊戲軟體。）一年後，微軟和任天堂（Nintendo）各自推出備受期待的「第六代」遊戲機，分別叫做 Xbox 和 GameCube。這些競爭者都面對一個基本

決策：是否要採取「跟進」（me-too）策略：在畫面和沉浸式體驗（immersive experience）上跟進或超越 PS2；或設計一個有不同優點的設備，不直接跟索尼競爭。實際上，微軟和任天堂必須決定是否進入索尼公司已經深耕、建立利基的遊戲市場，或另闢蹊徑。

進入索尼的地盤對微軟是否是一招好棋，端看索尼可能怎麼反應。索尼會不會全面發動價格戰，虧本賣 PS2，保證微軟也賠錢？或索尼會不會採取妥協做法，訂出一個可獲利的價格，使雙方能夠和平共存？如果進入索尼的地盤會挑起價格戰，就不值得進去；相反地，如果有足夠空間讓索尼和微軟雙方分享遊戲市場，那彼此都會賺錢。圖 2 用賽局樹（game tree）的形式，描述 Xbox 進入遊戲市場的賽局，顯示出微軟決定是否以類似設備進入市場之後，索尼會決定是否發動價格戰。

解讀賽局工具 1：賽局樹

賽局樹提供一種便利的方法，扼要說明參賽者在賽局中依序行動的策略選擇。例如，圖 2 說明：（1）微軟先出招，決定是否進入遊戲市場；（2）如果微軟進入市場，索尼必須決定是否開戰。賽局樹也顯示各參賽者如何評比賽局的可能結果，慣例上，先列出先行動者的得失（payoff），從最好

圖 2 「Xbox 進入遊戲市場」的賽局樹

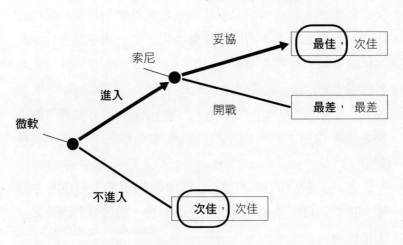

到最壞排序。例如，「微軟進入＋索尼妥協」是對微軟最好的結果，但對索尼只是次佳結果，而「微軟進入＋索尼開戰」對雙方都是最壞的結果。

回到剛才討論的「Xbox 進入遊戲市場」的賽局，索尼潛在上可以嚇阻微軟進入市場，辦法是事先表態會全面發動價格戰對付任何後進者。從策略觀點來看，這種表態會有效地讓索尼先出招，令微軟不敢輕舉妄動。遺憾的是，索尼無法可信地提出這種威脅。為什麼？因為一旦 Xbox 上市，並不可能誘導微軟將產品下架。[12] 因此發動價格戰在未來唯一可能的利益是：讓微軟充分受到懲罰，決定下一代電子遊

戲機避開索尼的地盤。但那是幾年後的事，索尼的產品壽命早就結束了。況且，如果沒能從目前產品賺到足夠利潤來投入下一代產品研發，索尼可能會發現，下一個產品世代處於高風險和難防守的處境。

因此，索尼實際上無法先發制人，嚇阻微軟推出Xbox。[13] 索尼仍然可以賺錢，但獲利程度比不上讓微軟放棄遊戲機生意，或推出不同性質的遊戲機，不跟 PS2 直接競爭。

在以上討論的賽局中，誰先出招很重要。但在其他情境，賽局的可能結果不受行動時機影響，最著名的例子就是囚徒困境。

▌囚徒困境賽局

警方逮捕兩名歹徒，指控他們犯下最高刑期 5 年的罪行，但強烈懷疑他們還犯了一起更嚴重（譬如，武裝搶劫）、最高刑期 20 年的案子。偵訊人員把他們關在兩個不同的囚房，分別對他們說：「現在你該承認犯下武裝搶劫罪了吧，你會要吃多久牢飯，就看你們要不要認罪。如果只有你認罪，因為你很合作，我今天就會放了你。否則，如果你們兩人都不認罪，你會被關 5 年；如果你們兩個人都認罪，關 10 年；如果只有你沒認罪，關 20 年。」

圖3　囚徒困境賽局的報酬矩陣

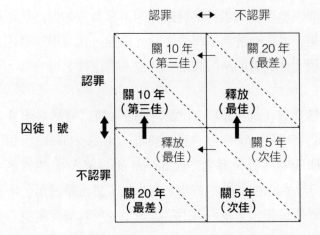

圖3是所謂的報酬矩陣（payoff matrix），說明參賽者在賽局中每一種可能結果的得失（就刑期而言）。

本書會一直出現這些圖表，因此在繼續討論之前，請先讓我說明要如何解讀。（雖然報酬矩陣一開始可能會讓人困惑，但熟悉之後就很容易閱讀與了解。）

解讀賽局工具2：報酬矩陣

報酬矩陣是一個快速簡易的判斷工具，除了概述參賽者在賽局的誘因，也描繪賽局與賽局間的策略連結，儘管這些

賽局乍看時也許互不相干。每一個報酬矩陣會顯示：（1）誰
是參賽者；（2）各參賽者可以採取的行動；（3）可能的結
果，這取決於參賽者選擇的行動；（4）參賽者如何評比這些
可能結果，亦即參賽者的得失。除此之外，我常用「誘因方
向」來說明參賽者的誘因如何受其他人的行動影響。

1. **參賽者（player）**：報酬矩陣通常描述有兩名參賽者
   的賽局。一個叫做「列參賽者」（Row player），另一
   個叫做「行參賽者」（Column player）。他們的名字
   分別顯示在圖的左方和上方。為了更清楚顯示，所有
   與列參賽者有關的詞用粗體表示，所有與行參賽者有
   關的詞則用一般字體。
2. **行動（move）**：矩陣的每一橫列對應列參賽者的一
   個可能行動，每一直行對應行參賽者的一個可能行
   動。
3. **結果（outcome）**：矩陣內每一個方框對應賽局的一
   個可能結果。圖 4 的 2 個參賽者各有 2 個可能行動，
   所以有 4 個可能結果。
4. **得失（payoff）**：根據參賽者選擇的行動，每個參賽
   者會獲得一筆報酬。在定義上，參賽者的報酬代表他
   或她對於賽局結果在意的每一件事。[14] 這允許我們
   從各參賽者的觀點去評比所有可能結果。報酬矩陣的

圖 4　一般報酬矩陣（無誘因方向）

行參賽者

行參賽者的行動 1 ←→ 行參賽者的行動 2

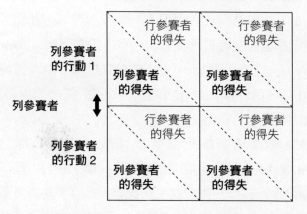

每一個方框顯示兩個參賽者如何評比與該方框的結果，列參賽者的評比在左下方三角形，行參賽者的評比在右上方三角形。

5. **誘因方向**（incentive arrow）：報酬矩陣有助於想像各參賽者在賽局裡的誘因，也就是每個參賽者偏愛的行動（即「最佳反應」〔best response〕）是如何依其他參賽者的行動而決定。為了說明這種誘因，以上下箭號來顯示列參賽者的誘因方向，用左右箭號顯示行參賽者的誘因方向。

　　回到囚徒困境賽局，其報酬矩陣顯示在圖 3，請注意，每一個囚犯都有單方誘因去認罪，不論另一個囚犯是否認罪。（如果另一個囚犯認罪，你可以因為認罪將刑期從 20 年減到 10 年；如果另一個囚犯不認罪，你可以因為認罪免於坐牢。）換言之，每個囚犯都有一個「優勢策略」（dominant strategy）去認罪。然而，如果雙方都認罪，兩人獲得的刑期（10 年，第三佳結果）比雙方都不認罪（5 年，次佳結果）還長。[15]

　　1950 年普林斯頓大學數學系教授艾爾伯特‧塔克（Albert W. Tucker）[*]創造囚徒困境的故事，在對心理系學生教授賽局理論時作為授課例子。此後，有許多人將這個賽局擴展應用到有很多參賽者的情形。而囚徒困境最普通的形式被界定為具有下述兩個特性的賽局：

1. **每個參賽者都有一項優勢策略，不管其他人的行動是什麼，都有一個可以讓參賽者本身利益極大化的行動選擇。**（每個囚徒有一項優勢策略去認罪。）
2. **與其他策略相比，當所有參賽者都採取自己的優勢策**

---

[*] 塔克（1905-1995）慷慨大方，熱愛數學教育（他協助成立微積分大學先修課程），是傑出的博士指導教授。1950 年，塔克創造「囚徒困境」這個詞，同一年他指導的學生約翰‧納許（John Nash）提交博士論文，日後贏得諾貝爾經濟學獎。

略時，所有參賽者都會產生更差的結果。（兩名囚徒
都認罪，比都不認罪獲得更長的刑期。）

塔克的經典故事有一個重要特點，囚犯單獨在不同的牢
房，不能溝通或觀察另一人是否認罪。但這個特點對這個困
境並不是必要條件。為什麼呢？不妨改編塔克的原始故事。
負責偵訊的員警把兩名囚徒帶到同一間囚室，並對他們說了
一番稍微不同的話：「現在你們該承認犯下武裝搶劫罪了
吧。我離開 10 分鐘，你們商量一下。等我回來的時候，你
們只有一次機會認罪。我會先問你（囚徒 1 號）認不認罪，
然後你離開房間。接著，我會問你（囚徒 2 號）認不認罪。」

不難想像兩名囚徒會在 10 分鐘內談什麼。尤其是，囚
徒 2 號必須說服囚徒 1 號，只要 1 號不認罪，1 號離開房間
後他也不會認罪。但不管 2 號如何發誓，1 號都知道「口說
無憑」，2 號一定寧可認罪換得釋放機會。預期到這一點，
囚徒 1 號只要有機會也會認罪。兩人都會坐 10 年牢，儘管
他們有機會溝通，而且囚徒 1 號有機會先出招。

▎逃脫囚徒困境的方法

在競爭中，個人野心對公共利益有益。

──羅素‧克洛（飾演約翰‧納許）在電影《美麗境

界》的對白，完全誤解囚徒困境的意義

毫無疑問，囚徒困境是研究最多和引述最廣的一個賽局。但有些人認為囚徒困境被過度重視，沒那麼了不起。芝加哥大學法律教授李察‧麥克亞當斯（Richard H. McAdams）在談賽局理論與法律關係的文章中表達這個觀點：

法律學者簡直對囚徒困境著了迷，數量驚人的法律評論文章中提到這個賽局（超過 3,000 篇），卻幾乎完全忽略其他同樣簡單而提供同樣敏銳法律問題見解的賽局……特別是對法律來說，協調的必要性與囚徒困境一樣普遍和重要，例如在憲法、國際法、財產糾紛、交通、文化、性別角色，以及其他議題上。此外，這一行對囚徒困境的過度關注，不必要地促成法律經濟學者與法律社會學者之間的分歧，他們原本都可以從研究協調賽局中找到一些共同點。[16]

麥克亞當斯教授所說的「協調賽局」（coordination game），應該是指參賽者有誘因協調彼此行動的賽局。例如，在交通規則上，如果人人在道路的同一邊行駛，大家都會受惠。我同意協調賽局很重要，但囚徒困境在實務上的重要地位仍難以撼動。

首先，許多真實世界重要和傷腦筋的賽局都是囚徒困境賽局。例如，在商場上，競爭本身可以是一個囚徒困境（見

第三章）。確實，即使企業最基本的交易活動都可以視為囚徒困境（見第五章）。所幸在商業方面，公司組織早已找到方法避免競爭的囚徒困境，降低甚至消除競爭誘因，同時成立有公信力的機構來協調交易。

或許囚徒困境最重要的特性是，它提出一個明顯可以解決的策略問題。確實，賽局理論提供五個不同的脫離囚徒困境的「逃生途徑」，[17] 對其他種類的賽局而言，這些途徑也有深遠影響：

1. 引入管制（第二章）
2. 合併或共謀（第三章）
3. 威脅報復（第四章）
4. 建立信任（第五章）
5. 培養關係（第六章）

更深入了解囚徒困境，也可以豐富持續進行的哲學和政治思辨，這個與個人自由、個人責任及集體行動適當範圍的爭議，有時被誇張地形容為「資本主義與社會主義之爭」。不論任何情境，只要個人誘因與公共利益的衝突大到當人人追求私利、人人都受害的地步，都屬於囚徒困境。*

---

* 當競爭採取囚徒困境的形式，「個人野心對公共利益有利」就不是事實。羅素‧克洛錯了。

由此觀之，囚徒困境體現許可制與自由制的基本差異，並凸顯在某些情況，限制個人做某些選擇的能力及／或增加個人對自己行動後果的責任實屬必要。畢竟，即使最堅定的個人自由捍衛者也能體會「自由」橫行無阻的破壞和混亂，以及制度的必要性，用制度來維護我們為自己追求美好生活的自由，同時確保我們不拒絕給予他人同樣機會。

關鍵概念 1：行動時機

　　賽局的可能發展方向，關鍵取決於賽局理論家所稱的行動時機
（timing of moves）。這個術語有誤導之嫌，因為從時間順序的觀點
來看，第一個出招的參賽者未必是策略觀點上的「先行者」。參賽者
出招的先後固然重要，但他們可以觀察，並有能力事先承諾自己將
如何進行賽局也很重要。為了清楚說明這點，此處我專注於一種最
簡單的賽局，即兩個參賽者各自採取一個不可逆轉的行動。在這種
賽局，行動時機有三個可能性：

- 同步行動（simultaneous moves）
- 依序行動（sequential moves）
- 承諾行動（commitment moves）

▌同步行動

　　如果每個參賽者必須在觀察不到其他參賽者的選擇下決定自己
怎麼做，也就是說，如果參賽者在互不知情下做出選擇，這個賽局
就有著同步行動的條件。「同步行動」是說：如果參賽者在完全相同
的時刻出招，彼此必然互不知情。不過，表示時間順序的「同時」，
不必然是賽局策略上的同步行動，下述例子就是這樣。

圖 5　第二次臘包爾—萊城護航行動，1943 年 3 月

案例：俾斯麥海戰役

我們在這一役損失慘重。在瓜達康納爾猛烈戰鬥期間，我們
未曾遇過這等程度的打擊。
　　——奧宮正武，駐巴布亞新幾內亞臘包爾鎮的日軍參
　　　謀，後來擔任日本航空自衛隊將領，1943 年

　　1943 年 1 月，突擊珍珠港後才一年，日本皇軍已退居守勢。他
們剛失去瓜達康納爾島（Guadalcanal），經過慘烈的布納—哥納戰
役（battle of Buna-Gona），盟軍已經登陸新幾內亞，即將威脅日軍
在萊城（Lae）的重要基地。為了扭轉頹勢，日本陸軍總部派遣岡部
通少將（Major General Toru Okabe）的 51 師團從鄰近的臘包爾鎮
（Rabaul）前往萊城增援，驅逐島上的盟軍。盟軍戰機攔截岡部的護
航艦隊，把掩護他們的多數日本戰機殲滅，並擊沉數艘補給艦，但
大部分的艦隊安然抵達。然而，如果不再補充兵員和補給，岡部的
部隊無法驅逐盟軍。因此日軍做出太平洋戰爭最關鍵的一項決策：
再派兩個師，以孤注一擲的方式奪回新幾內亞。

　　兩支新派遣部隊抵達臘包爾，但和先前的部隊一樣，處於盟軍
戰機轟炸範圍內，要穿越變化莫測水域。更糟的是，由於日本護航
軍機在第一次行動裡損失慘重，第二次只能派出很少的空中掩護。
確實，問題不在第二次護航艦隊往萊城途中是否會遭到轟炸，而是
它們能承受多久的攻擊。這取決於日本艦隊選擇走北方或南方航
線，以及盟軍會派出他們有限的偵察機去監視哪一條航線。

圖6　第二次臘包爾－萊城護航行動的可能結果

肯尼戰略：集中偵察北方航線。

日軍戰略：航行北方航線。

估計結果：雖然偵察會受到低能見度限制，艦隊應在第二天被發現，可轟炸兩天。

轟炸兩天

肯尼戰略：集中偵察北方航線。

日軍戰略：航行南方航線。

估計結果：艦隊會在晴朗天候下航行。但由於偵察該水域的飛機有限，第一天可能不會發現艦隊。艦隊應在第二天被發現，可轟炸兩天。

轟炸兩天

肯尼戰略：集中偵察南方航線。

日軍戰略：航行北方航線。

估計結果：由於低能見度和有限的偵察，艦隊大概只會在天氣轉晴的第三天被發現，只能轟炸一天。

轟炸一天

肯尼戰略：集中偵察南方航線。

日軍戰略：航行南方航線。

估計結果：由於高能見度和集中偵察該水域，艦隊幾乎才從臘包爾啟航就被發現，可轟炸三天。

轟炸三天

　　美國空軍退役上校海武德（O. G. Haywood）在 1954 年的經典
文章〈軍事決策與賽局理論〉[1] 中討論這個賽局：俾斯麥海戰役的決
定性事件。他解釋，日軍會面對 1 至 3 天的轟炸，這取決於他們走
哪一條航線，以及盟軍巡邏哪一條航線。見圖 6，此圖可以視為一組
（未標明選項排序的）報酬矩陣；喬治‧肯尼將軍（George
Kenney）指揮的盟軍是列參賽者。

　　最後，日軍選擇烏雲密布的北方航線，盟軍也集中巡邏這條航
線。日本艦隊遭到盟軍轟炸機連續兩天窮追猛打的攻擊，8 艘運輸艦
全毀，4 艘護航驅逐艦被擊沉，近 3,000 名官兵陣亡。這場壓倒性的
挫敗是太平洋戰爭的關鍵點，之後日本不再打算從海上增援萊城，
少了這個選項，他們再也無法遏阻盟軍攻勢。不到一年後，萊城被
攻陷，臘包爾搖搖欲墜，日本也被打趴到只能純粹採取守勢。在實
質意義上，俾斯麥海戰役是讓太平洋戰爭結束的序曲。

　　從許多層面看，俾斯麥海戰役都是名副其實的賽局。但在這裡
我只關心一點：日軍決定送護航艦隊去新不列顛島的北方或南方？
以及盟軍決定讓偵察機去哪裡？這個賽局的行動時機是什麼？顯
然，盟軍不知道日本艦隊何時啟程，因此他們的偵察任務在日軍出
海前就已經開始。由於日軍無法從臘包爾的港口觀察到盟軍偵察
機，儘管從時間來看是盟軍先做決定，卻無關緊要。日軍仍須在不
知盟軍動向下，選擇航線。由於盟軍和日軍是在互不知情下做出決
定，因此從策略觀點來看，這屬於「同步行動」型賽局。

▌ 同步行動 vs. 承諾行動

先前角逐總統提名的歐巴馬與希拉蕊周四晚上的祕密會議已
經不是祕密，但他們在會議中是否有說到「副總統」的字
眼，仍然是個謎。

——美國廣播公司 2008 年 6 月 6 日的報導[2]

2008 年 8 月，約翰‧麥坎（John McCain）處境艱難。謠言盛
傳共和黨內的保守分子施壓這位總統候選人，要他把他的好友，參
議員喬‧李伯曼（Joe Lieberman）從副總統候選人名單中剔除。雪
上加霜的是，歐巴馬與希拉蕊搭檔競選的消息看來十分真實。歐巴
馬（Barack Obama）與希拉蕊（Hillary Clinton）才在民主黨初選
期間激烈廝殺，6 月就躲到某處祕密會面，參議員黛安‧范士丹
（Dianne Feinstein）告訴美國廣播公司（ABC）：「兩人笑著離開。」
希拉蕊的好友及盟友、參議員查克‧舒默（Chuck Schumer）也在
6 月中旬向媒體透露：「她說如果歐巴馬要她當副總統，並認為這樣
對選票最有利，她會效勞，她會接受。」

麥坎陣營曾希望歐巴馬和希拉蕊的關係維持冷凍，因為這可能
讓許多希拉蕊的女性支持者不會去投票。甚至，如果歐巴馬不選希
拉蕊為副手，麥坎本人也有機會吸引部分女性選票，尤其如果他挑
選一位女性為競選搭檔，例如凱‧貝利‧哈奇森（Kay Bailey
Hutchison，德州參議員）、卡莉‧菲奧莉娜（Carly Fiorina，女性企
業家）、莎拉‧裴林（Sarah Palin，阿拉斯加州長），或康朵麗薩‧

賴斯（Condoleezza Rice，前國務卿）；因此，在選擇競選搭檔上，麥坎迫切需要知道：歐巴馬究竟會不會挑希拉蕊？

　　對麥坎來說，幸運的是，那年民主黨全國代表大會比共和黨早一個星期，這強迫歐巴馬在麥坎必須做出最後決定之前揭露他的選擇（參議員喬‧拜登，Joe Biden）。此外，從麥坎獲得共和黨提名到共和黨開全國代表大會之間還有不少時間，麥坎顯然有理由準備幾個可以隨時上陣的副手名單，其中一些適合面對歐巴馬與希拉蕊的搭檔，一些則適合面對他們沒搭檔的情況。[3] 由於麥坎能夠觀察和歐巴馬的選擇，並對此做出反應，因此他們選擇副總統提名人的賽局並沒有同步行動。相反的，歐巴馬是先行者（first-mover），麥坎是後動者（last-mover）。

　　有著先行者和後動者的賽局會如何發展，主要取決於另一個因素：後動者是否會事先承諾，根據先行者的選擇做出反應。為了強調這點，我用不同術語來表示後動者能不能根據先行者的選擇做出承諾的行動時機。特別是，**如果後動者不能事先承諾他的反應，這個賽局就屬於「依序行動賽局」，如果後動者能夠事先承諾，則屬於「承諾行動賽局」。**

　　2008 年，麥坎有壓倒一切的誘因，去挑一位能儘量擴大他當選總統機會的搭檔。換言之，麥坎對歐巴馬的選擇的反應，受到麥坎本身的勝選欲望所支配。因此，雖然麥坎的行動在後，他並沒有後動者的承諾力量，所以這屬於依序行動賽局。麥坎可以改變行動時機，在民主黨全國代表大會之前宣布他屬意的副手候選人，並做出

可信的承諾。由於歐巴馬可以觀察並對這項宣布做出反應，從策略觀點來看，麥坎就成為「先行者」。不過，這和做出承諾行動仍有不同。

賽局若有承諾行動，後動者必須能承諾做出反應，即使這個反應會傷到自己。可以想想對頑皮孩子的體罰威脅（如今體罰已不流行了），曾被世世代代愛孩子的父母廣泛採用。「打在兒身痛在娘心」確實是令人畏懼的老梗。愛心父母的體罰威脅是一項承諾行動，因為：（1）父母可以觀察和回應孩子的行為（父母是「後動者」）；而且（2）父母可以承諾做他或她不想做的事，來回應孩子的行為（父母具有「後動者的承諾力量」）。

這裡的要件是，父母承諾會如何反應，這與不能反應相當不同。孩子知道，只要聽話就不會挨打，因此有誘因不去惹麻煩。在這個機制中，不能反應就意味著承諾必定打孩子，不管他們乖不乖。這種殘酷的承諾和懲罰不良行為的威脅不同，對孩子不會有嚇阻作用。執法機關了解這點，因此會逮捕無緣無故打孩子的父母（做為先行者），但對只在孩子做了壞事才打孩子的父母（做為後動者）給予一些寬容。

▌改變行動時機的方法

由於賽局結果取決於行動時機，參賽者慣常去改變行動時機，取得有利地位，這應該不令人意外。改變行動時機有三個基本方式。

1. 改變行動的可觀察性

　　一個使你的行動可以觀察的辦法是，培養第三方，能夠忠實報導你的作為（譬如：評等機構、稽核員、消費論壇上的評論者等）。或者，對你的行動保密，藉由發表聲明及採取符合不只一個行動方向的步驟，製造「訊息干擾」（signal jam）[4]。例如，政客若不想讓人知道他的意圖，會私下派朋友和助理去推衍各式各樣可能的計劃。那麼，即使真相洩漏，媒體和政敵也會被迷惑，甚至不予理會。

2. 改變時機

　　一個先出招的辦法是對自己強加人為的最後期限。另一招則是賦予其他參賽者「審查權」（inspection rights），也就是在他們做出選擇之前，查核你的行動的能力。例如，提供退款保證，給予顧客退還他們不滿意產品的權利，實際上允許他們後出招。或者，為了讓自己後出招，你採取預備措施保留所有選項，以取得隨時可以改變你的行動直到最後關頭的彈性。例如，供應商投標時，可以承諾打敗任何競爭者提供的條件。如此一來，買方肯定會給供應商機會去觀察和反應任何競爭投標。同樣的，在 eBay，「狙擊」軟體允許競標者在最後一刻出價。因此，狙擊軟體允許投標者在承諾自己的出價前，盡可能多觀察其他人的出價。

3. 加強後動者的承諾力量

　　一個讓承諾可信的辦法是將目前賽局的結果和其他某個更大、更重要的東西綁在一起，例如，訴諸個人名譽及／或承諾未來關係。如果你違背今天的諾言，你將名譽掃地並喪失所有來自這個關係的未來利益。只要今天欺騙的誘因夠小，這個辦法就能讓你的承諾取信於人。若無名譽或關係可用，也可以簽一份具法律效力的合約，明列違背承諾的損害賠償。

第二章
引入管制，改變參賽者的利益得失

　　1968 年，生態學者葛瑞特‧哈丁（Garrett Hardin）創造「公地悲劇」（tragedy of the commons）一詞，指在可以自由選擇消耗有限資源的賽局下，每個參賽者都有優勢策略去盡可能地使用資源，但當每個人都這樣做時，資源將被過度利用，使人人受害。（所以，公地悲劇是囚徒困境的一個例子。）資源過度利用是一個公地悲劇賽局的概念，從此被廣泛應用在了解所謂的公共資源問題，[1] 如汙染、過度捕撈和棲地破壞、公路交通，以及垃圾電子郵件等。

　　哈丁的論點著名之處是，唯一解決公地悲劇的辦法，是限制個人使用公共資源的權利。這種將政府干預合理化的觀點造成深遠影響，限制自由使用權的構想受到政治光譜兩端的擁護。自由派援引哈丁的論點，將政府直接控制公共資源合理化；保守派也用同個論點，將公共資源的私有化合理化。

　　偏向直接政府控制的辦法常被指為「加強管制」，偏向私有化的辦法則被稱作「鬆綁管制」。不過，從賽局理論的觀點來看，政府控制和私有化差不多，都是將分散且通常非正式社群手中的公共資源控制權合併起來，交到由政府選擇

的單一第三方手中。

所以自由派與保守派之間的辯論焦點，其實大部分是哪個第三方可以公平使用公共資源，是相對更好（或不差）的公共資源管理者：是政府機構？或是營利事業？事實上，還有第三個選擇：與其剝奪社群控制公共資源的權利，不如考量他們使用公共資源的集體利益，授權給他們。艾琳娜‧奧斯特羅姆（Elinor Ostrom）因證明這種社群自我管制（community self-regulation）可以怎麼避免公地悲劇而贏得2009 年諾貝爾經濟學獎。

▎何謂「管制」？

「管制」這個概念是改變參賽者的得失，給予他們誘因去做不同的決定，否則他們不會去做。美國政府以超過 15萬頁的「聯邦法規」（Code of Federal Regulations）進行干預，但那只是政府管制的冰山一角。國會通過的每一條法律、行政部門採取的每一項措施、司法機構的每一筆判決，都在「管制」被統治的人民。

政府並非唯一的管制者。學校的行政人員、家中的父母、社會上引領潮流的人，全都藉著影響其他人的選擇和誘因來「管制」他們。或許最重要的，**從誘導其他人改變行為的賽局理論角度來看，企業組織本質上也是管制機構，因為**

它們企圖激勵員工努力工作、引誘顧客購買更多的產品與服務。

所有這些例子都依賴權力的不對稱，因為管制者會對被管制者發號施令，但權力不對稱並非必要條件。不過，各種社群的自我管制實屬常態，像是全美大學體育協會（NCAA）就管制會員大學的體育競賽。

案例：解決足球暴力

美式足球起源自 1870 年代，哈佛及其他幾所大學的學生嘗試改變英式橄欖球和足球，創造出這種新型運動。[2] 當時和今天一樣，暴力肢體接觸是這項運動的核心要素。甚至早年要攔截帶球者，最常見的方法是「乾脆揍他的臉一拳」。之後，各球隊採取愈來愈暴力的戰術，造成嚴重的傷害，甚至一年發生數十起死亡事件。情況變得如此惡劣，導致羅斯福總統[3] 在 1905 年親自出手干預，威脅要禁止這項運動，進而引發一連串改革，美國終於在 1906 年成立全美大學體育協會。[4]

為了馴化大學足球賽，管制是必要的，因為這項運動自然會朝逐步升高的暴力去演化。想想惡名昭彰的「楔形攻勢」（flying wedge），這種 V 字形的攻擊隊形，如今主要是鎮暴警察在使用，可以確實推倒和踐踏防守的一方。哈佛在

圖7 足球暴力賽局的報酬矩陣

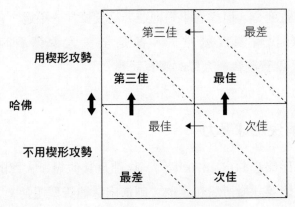

耶魯

用楔形攻勢 ←→ 不用楔形攻勢

1892 年對抗勁敵耶魯的比賽中出其不意使出這招，是第一支運用楔形攻勢的球隊。然而，第二年兩支球隊都因為採用楔形攻勢而無法取得優勢，結果都受到更嚴重的傷害。

我們可以將哈佛和耶魯是否使用楔形攻勢的決定視為一個賽局。每支球隊的最佳結果是成為唯一使用楔形攻勢的一方，而最差結果則是不用的一方。此外，對兩邊的球員來說，不用楔形攻勢比用了還好，因為不用這個危險的戰術，比較不可能發生嚴重傷害。（圖7 說明這些利弊得失。）注意每支球隊的優勢策略都是使用楔形攻勢，但當他們都這麼做時，雙方的結果都會變得更差。因此，這是個囚徒困境的

賽局。

為什麼運用楔形攻勢是每支球隊的優勢策略？且看哈佛的例子，在圖上是列參賽者。回想先前談過的，在定義上，優勢策略是不管其他參賽者的作為，參賽者極大化報酬的行動（也就是「最佳反應」）。再回想一下，在報酬矩陣中，上下箭頭表示哈佛的誘因，箭頭指到的列，對應哈佛對耶魯每一個可能行動的最佳反應。因此，要知道為什麼哈佛有一個優勢策略，只要看看所有上下箭頭都指向同一列（「楔形攻勢」）就夠了。

為什麼哈佛的最佳反應總是運用楔形攻勢？讓我們仔細想想各種可能性。首先，萬一耶魯使用楔形攻勢怎麼辦？這時哈佛為了避免出現最差結果，也有誘因這麼做，所以兩支球隊都會用楔形攻勢。其次，如果耶魯不用楔形攻勢怎麼辦？哈佛仍有誘因使用它，以獲得僅哈佛採用楔形的最佳結果，而非雙方都不用的次佳結果。因此，運用楔形攻勢是哈佛的優勢策略。

一旦全美大學體育協會制定更嚴格的規則，禁止最暴力的戰術，這些誘因就改變了。有了這個規則後，使用違規戰術的球隊會受到懲罰。當然，球隊仍然可以選擇使用楔形戰術，但只要裁判盡責，球隊就沒有誘因這麼做。換言之，**更嚴格的規則改變了足球暴力賽局的得失，使之變成比較不暴力的賽局，每支球隊都有優勢策略不採取楔形攻勢。**

　　為了矯正某些社會弊病，管制是必要的。例如，漁業管理條例在保護魚類資源上扮演關鍵性角色；還有之後會談到「終結被輕忽疾病」修正案，藉由提供藥品的「優先審查券」，刺激藥廠開發被忽略熱帶疾病的新療法。不過，有時管制會弄巧成拙，可能造成比不管制還糟的非故意後果。例如，誰能料到 1970 年代禁止香菸廣告竟會間接造成吸菸人口增加呢？

案例：菸商不打廣告賺更多

每年花幾百萬美元宣傳香菸，沒有人會說這些支出的目的不重要，它們很重要。
*　　——美國聯邦通信委員會主席羅素・海德 1969 年在美國國會作證[5]*

　　對美國菸草業而言，第一次世界大戰是決定性的時刻。如 1917 年約翰・潘興將軍（General John J. Pershing）寫給陸軍司令的信所言：「你問我打贏戰爭需要什麼？我的答覆是：多如子彈的香菸。香菸和口糧一樣不可或缺；我們要幾千噸的香菸，刻不容緩。」士兵每天的香菸配給也許幫忙打贏了戰爭；但更重要的是，對菸草業來說，它也創造部隊返鄉後強勁的菸品消費需求。

　　香菸製造商在 20 世紀中葉相互競爭，積極搶奪這個成

長中的市場，利用偶像人物如「萬寶路漢子」（Marlboro Man）、難忘的廣告詞如「幸運之菸：福星高照」（Lucky Strike: It's Toasted），以及香菸有益健康的保證，如「20,679位醫師說『幸運牌香菸比較不刺激喉嚨』」和「沒有一個喉嚨不適的例子是吸駱駝牌香菸引起的⋯⋯駱駝牌：更奢華的菸草。」[6] 隨著吸菸危害健康的真相更廣為人知，公共衛生當局開始擔心這類廣告會引誘人吸菸。1967 年，聯邦通信委員會（FCC）做出反應，規定電視台若播放香菸廣告，也必須播出強調吸菸危險的公益宣導。

美國國會對此進一步回應，在 1970 年通過劃時代的「公共衛生吸菸法」，規定所有香菸包裝盒必須標示警語（如「衛生署長確定吸菸危害你的健康」），並禁止美國廣播電台和電視台播放香菸廣告。交換條件則是停播反吸菸宣導，香菸製造商獲得免於未來聯邦訴訟的豁免權。

很多美國人不知道，除了菸盒上的警語，這個法案大部分的內容其實是菸草業提議的。菸草公司執行長想避免訴訟，理由相當明顯，訴訟可能導致公司破產或解體，甚至讓他們鋃鐺入獄。但為何要禁播自己的電視和電台廣告？

首先和最明顯的，這項禁令可以幫忙阻止加強管制的高漲聲浪。[7] 其次，停播自己的廣告，也換到反菸宣導的終結。根據 1970 年《紐約時報》報導：「菸草業相信，反吸菸宣導的生意損害比廣告促銷還大，兩者同時停止，會產生淨

圖 8　香菸廣告賽局的報酬矩陣

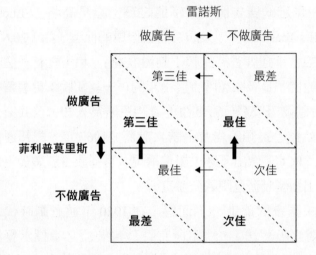

利。」[8] 因此集體禁止所有廣告，對整體菸草業其實是一項勝利。

　　廣告被禁之前，每家菸草公司有個別誘因去續播自己的廣告，理由可以看香菸廣告賽局，圖 8 是報酬矩陣。在這賽局中，菲利普莫里斯公司（Philip Morris，萬寶路牌）和雷諾斯菸草公司（R. J. Reynolds，駱駝牌）的優勢策略是去宣傳自己的品牌。原因是宣傳自家品牌搶到的市占率好處會大於廣告開銷與挑起 FCC 反菸宣導對整個市場的打擊。然而，只要兩家公司都做電視廣告，它們搶市占的努力大部分會抵銷，可是卻會因為 FCC 的反菸宣導而讓雙方都得不償

失。由於兩家公司的優勢策略都是打廣告，但這樣會造成兩家都產生更差的結果，所以，香菸廣告賽局是囚徒困境的另一實例。

有些讀者可能覺得不做廣告反而對公司有利的概念很奇怪，讓我們更深入探討。如果香菸廣告在 1970 年真的是一個囚徒困境，則廣告禁令之後，我們應該會看到廣告減少了，利潤也增加了，因為這些公司從大家都做廣告的最差結果，移到大家都不做廣告的更好結果，而這正是當時發生的現象，但這是怎麼觀察到的？

菸品廣告禁令為社會學者創造獨特的事件研究（event study）機會。比較禁令剛生效前和之後的廣告支出和產業利潤，其中的差異大致可以歸為禁令本身。（相形之下，更長期的趨勢則可能是許多其他因素綜合造成。）經濟學教授詹姆斯・漢米爾頓（James L. Hamilton）把握了這個機會，在 1972 年發表研究結果，標題為〈香菸需求：廣告、健康恐慌和香菸廣告禁令〉[9] 他的主要發現是，1971 年比 1970 年「廣告支出減少 20 ～ 30％」，而「1971 年前 6 個月的產值比 1970 年同期增加 30％」。

菸草業賺到這筆橫財（免於聯邦訴訟、產業整體收入增加 30％），因為它比管制者更了解真正的香菸廣告賽局。FCC 內部的反菸鼓吹者認定，香菸廣告的目的是說服人吸菸，否則大菸商幹嘛每年花幾百萬美元做廣告？但大菸商其

實是一群競爭激烈的公司，打廣告主要是為了互爭菸客，誘
人加入吸菸一族只是次要目的。

如果管制者了解真正的賽局，他們可以繼續利用香菸廣
告的囚徒困境來取得優勢。事實上，廣告禁令之前，菸草業
完全「自願」提供扼殺自己生意的反吸菸宣導。[10] 如果管
制者了解政策的效力，他們應該加碼，命令菸草業者也在雜
誌和其他主要媒體上配合香菸廣告做反吸菸宣導。這樣做，
基本上不用花一毛錢就能加速美國吸菸人口下降。

案例：用優先審查權換新藥開發

政府可以制定政策和撥款來創造市場誘因，投入到改善窮人
生活的商業活動，這是政府能做最高槓桿效益的工作。
——比爾‧蓋茲 2008 年世界經濟高峰會演說

在所有「被輕忽的熱帶疾病」中，血吸蟲症（又稱「螺
螄熱」）對開發中世界的衛生負擔（health burden）僅次於瘧
疾。螺螄熱在幾十個開發中國家流行，超過 2 億 700 萬人受
到感染，其中 85％住在非洲，7 億多人有罹病風險。這種病
是由小型寄生蟲引起，一旦皮膚接觸汙染的水，寄生蟲即可
透過皮膚鑽入人體，然後再經由帶血的尿液將幼蟲散布回水
源。（「螺螄熱」之名來自某些螺螄在寄生蟲的生命週期扮演
重要的中間宿主角色。）螺螄熱是慢性病，雖然很少會致

命，但會損害內臟，罹患的孩童會妨礙發育及認知發展。

幸運的是，血吸蟲症很容易治療。只要每年一片吡喹酮（praziquantel）藥劑就足以除蟲和防止進一步傳染。更棒的是，吡喹酮一劑的成本僅 0.2～0.3 美元。[11] 儘管這麼便宜，世界衛生組織長期經費短絀，它的吡喹酮供應仰賴製藥公司捐贈。近年來最大的捐贈者是默克藥廠（Merck），2007 年承諾未來 10 年會供應 2 億劑。這些捐贈藥劑無疑能減輕幾百萬病患的痛苦。但遺憾的是，這離有效擊退疾病，使人們免於感染風險，還差得很遠。

這個情況在 2012 年 1 月出現戲劇性的變化，全球公共衛生的產官學界聚集一堂，發表倫敦宣言（London Declaration），那是一張企圖心旺盛的戰略藍圖，旨在根除或限制一堆過去遭到輕忽的熱帶疾病。[12] 倫敦宣言最耀眼的部分是默克藥廠承諾捐贈吡喹酮的數量增加到 10 倍，達到每年 2 億 5 千萬劑，[13] 這項捐贈將提供足夠藥劑治療全球每一個血吸蟲症患者。

如今，只要衛生官員能有效地運送和施用藥劑，血吸蟲症根除在望。默克也協助這項工作，開發更適合兒童的新吡喹酮配方。[14]（目前的藥片又大又苦，兒童不太能接受。）這是好事，真是感人。但對默克的股東有什麼好處？如果默克的科學家被派去做其他更賺錢的研發計劃，對股東不是更好嗎？實際上，有大把鈔票正在等著開發新藥，用來對付其

他疾病。

2007 年，美 國 國 會 通 過「 終 結 被 輕 忽 疾 病 」
（Eliminating Neglected Diseases，END）修正案，獎勵製藥
公司開發新藥來對抗被輕忽的疾病。任何公司只要開發這種
藥，即 可 獲 得 一 張「 優 先 審 查 券 」（priority review
voucher），給予該藥廠將等候食品藥物管理局（FDA）審查
的任何熱門藥物優先審查的權利。[15] 誠如比爾・蓋茲（Bill
Gates）在 2008 年瑞士達佛斯（Davos）舉行的世界經濟高
峰會所言：

**在布希總統去年簽署的法律下，任何製藥公司開發一種治療
被輕忽疾病的新藥，如瘧疾或肺結核，它們製造的另一個產
品就可以獲得食品藥物管理局優先審查。如果你開發治療瘧
疾的新藥，你可獲利的降膽固醇藥就可以提前一年上市，這
個優先審查權價值上億美元。**

「終結被輕忽疾病」修正案產生改變人類福祉的效果，
如果它能鼓勵以營利為目的的製藥公司去追求（或至少允許
它們的科學家當作副業去追求）改變賽局的新藥或疫苗，治
療或預防被輕忽的疾病。遺憾的是，至今我們只看到影響力
很小的結果。確實，直到 2012 年後期才發出一張優先審查
券，授予諾華公司（Novartis），獎勵它的抗瘧疾藥複方蒿

甲醚（Coartem）。但複方蒿甲醚早在 1996 年就開發出來
了，已在國際上使用 10 年以上，這表示諾華未做任何事去
真正開發被輕忽疾病的新藥，卻獲得一張優先審查券。（因
為複方蒿甲醚過去不曾被食品藥物管理局核准在美國使用，
所以諾華公司違反常情地合格取得優先審查券。）

所幸，「終結被輕忽疾病」修正案未來似乎會有更好的
結果。數種新藥已在籌備中，可能在不久的未來合格取得優
先審核券，包括治療蟠尾絲蟲病（又稱河盲症）的莫西菌素
（moxidectin）配方。[16] 更令人興奮的是，如今藥廠在開發
新藥劑對抗疾病時，除了已開發世界的常見疾病，將優先考
慮被輕忽的疾病。

例如一家規模不大但志氣不小的奈米科技公司
NanoViricides，正在研發一種抗病毒的技術，用奈米機器扮
演人類細胞，然後包圍和「吃掉」附著機器的病毒。
NanoViricides 成立之初將眼光放在有龐大商機的市場，如愛
滋病和流行性感冒，但最近該公司宣布動物實驗的結果，顯
示在治療登革熱的新方法上獲致進展。[17] 這消息非常重要，
因為登革熱每年有 5,000 萬至 1 億人感染，但除了補充體液
之類的「支持性療法」，缺乏有效療法，而且病情可以惡化
到俗稱登革出血熱的狀況，可能會致命。

NanoViricides 目前還是「水餃股」，未來是否會成功還
充滿不確定性，以致它的股價僅幾美分。對這家公司來說，

目前投資的每一塊錢都必須精打細算。確實，創辦人安尼‧狄萬（Anil Diwan）在 2011 年表示，他的公司過去 7 年總共只花了 1,400 萬美元，而競爭對手每季只為了開發一、兩種藥，就要花 2,500 萬元。因此，我們可以合理推測，若非成功開發登革熱藥物可以獲得價值不斐的優先審核券，NanoViricides 絕不會這麼早就把焦點放在登革熱上。

藉著提供誘因去思索和研究被輕忽的疾病，「終結被輕忽疾病」修正案使營利事業注重長久以來被視為非營利的疾病。最後得到更多創新與更多合作，以拯救和改善世界被忽略地區的更多生命。

關鍵概念 2：策略演化

從 1870 年代美式足球發明到 1906 年全美大學體育協會成立，大學足球賽逐漸演變成愈來愈暴力的比賽。為什麼花這麼長時間？為什麼像楔形攻勢這樣的極端攻勢沒有更早出現？答案顯而易見：這些戰術的價值尚未被發現。然而，一旦被引進之後，它們的成功就迅速引起模仿，在賽場中散布。生物界的基因突變也一樣：嘗試新的戰術，如果成功，就會散布成一整個更大的繁殖群。就此而言，「策略生態系統」（strategic ecosystems）的演化，如大學足球界，基本上類似達爾文的進化論，[1] 只是用新的策略代替突變。

拿動物行為來類比人類可能會讓有些人感覺不舒服。的確，大部分經濟學教科書描述人類決策者世故和「理性」，這是他們秉持的兩項認知：（1）形成條理清晰的世界觀，以及（2）基於這個信念做出極大化個人福祉的選擇。但如果從懷疑論的角度來看，多數時候，大部分人根本搞不清楚狀況，只是用似乎夠好的方法摸著石頭過河，相信你也是這麼想的。

經濟學長久存在一支傳統思想，承認人類並非按照最佳化行事，並將此現實納入人類決策模型。確實，赫伯．西蒙（Herbert Simon）即以「有限理性」（bounded rationality）模型（1940 至 1950 年代完成）贏得 1978 年諾貝爾經濟學獎。西蒙的經濟學卓見奠立在人們慣常對自己面對的決策擁有有限資訊的概念，以及在此局限下，我們傾向於發展「試探法」（heuristics）或「經驗法則」

（rules of thumb）來獲致夠好的結果。

▎試驗與搜尋

　　你如何判斷什麼方法夠好？一個辦法是試驗。試驗
（experimentation，亦稱「經濟搜尋」〔 economic search 〕，指
蒐整採樣資訊進行比對分析）是經濟學理論的重要分支。2010 年諾
貝爾經濟學獎頒給彼得・戴蒙（Peter Diamond）、戴爾・摩坦森
（Dale Mortensen）和克里斯・皮薩瑞迪斯（Chris Pissarides）三
人，表彰他們分析市場搜尋摩擦（search frictions）的貢獻。不過，
我聽過經濟搜尋的最好解釋卻出自一位非經濟學家，他是愛德華・
康諾（Edward Conard），曾與米特・羅姆尼（Mitt Romney）一起
管理貝恩資本公司（Bain Capital），賺到大筆財富。康諾在一次
《紐約時報》的訪談中詳述最好、最理性的擇偶方法：

挪出一點時間「校準」：與盡可能多的人約會，這樣你才會對婚姻市
場現況有所了解。然後進入選擇階段，這回目標是挑選一位終身伴
侶。你在這個階段碰到第一個匹配的對象，比在校準階段遇到最好
的女人還好，就是你該娶的人。[2]

　　這種搜尋對某些事情很管用，例如選擇你最喜歡的捲餅店。但
別做過了頭，忽略搜尋的策略面。例如，假設你採取康諾的擇偶規

則，但你和多數人一樣，不像他有幾百萬美元存款。你的配偶懷疑你在許下婚姻誓言時心中並無真愛，自然會在你們的關係上少投入一些，你的婚姻會比理想情況還脆弱。這是為什麼我們天生對愛情就不理性：因此即使在困難時期，我們能不離不棄，齊心齊力。這是為什麼更理性與更有策略性的方法，就是為愛結婚。

以上關於尋找適當配偶的討論很有趣，但也有些局限。所以，言歸正傳，回到在賽局中尋找適當策略的基本問題。如果你有機會一再參加同一個賽局，你可能會做一點試驗，並選定一種傾向於最有效的策略。但如果你只有一次參賽機會呢？你仍然可以環顧四周，看看別人怎麼做，用得到的資訊來幫助你做決策。

▌趨向最佳反應的策略

「策略演化」指在一個策略生態系統中，參賽者逐漸針對其他參賽者的目前策略，刻意或非刻意的趨向最佳反應，進而形成他們的策略。舉例來說，美國的大學招生系統就有很多參賽者，包括申請入學的高三學生和決定錄取誰的招生處人員，當然還有家長和關切招生的校友，以及大學理事會（College Board）和《美國新聞與世界報導》（*US News & World Report*）雜誌等第三方。令人感興趣的是，這個系統處於不均衡狀態，因為參賽者不斷在複雜、見招拆招的互動中適應彼此的策略。

案例：大學招生系統的演變

用愈多量化的社會指標來做社會決策，愈容易屈服於腐敗壓力，也愈傾向於扭曲和腐化該決策意圖監控的社會程序。
——美國心理學會理事長唐納德·坎貝爾，1976 年

1926 年有將近 8000 名學生接受有史以來第一次實施的美國大學學力測驗（SAT）。到了 2011 年，近 300 萬學生接受這項測驗。[3] 根據大學理事會的說法，「SAT 測試學生在學校學到的閱讀、寫作和數學技能，這些技能對他們在大學及日後的成功極為關鍵。」SAT 也許（不）能測驗出真正「對成功極為關鍵」的技能，但有一件事是確定的：SAT 對《美國新聞與世界報導》評比「最佳」美國大學的公式至關緊要。

隨著《美國新聞與世界報導》的大學排行榜逐漸奠定權威地位，引導愈來愈多最優秀的高中應屆畢業生申請榜上的「最佳」大學，大學招生處人員對此的反應是在招生決策中更重視 SAT 分數。（錄取 SAT 高分的學生，《美國新聞與世界報導》的大學排名也會提升，第二年吸引到更優秀的申請者。）因應這個決策，高中生和他們的父母花更多心血，儘量提高他們的 SAT 分數。的確，如今最有錢的學生通常聘請超級明星家教，收費高達每小時 300 美元[4]，甚至花錢請槍手代考。[5]

SAT 的公平性引起愈來愈多疑慮，為了回應這個疑慮，有幾所大學加入一個「可隨意提供 SAT」的新興運動，允許學生在申請大

學時自行決定是否提交他們的考試成績。[6] 當然，只有考高分的人會選擇提供成績，因此加入可隨意提供 SAT 運動的學校公布的 SAT 平均分數，可能比該校學生真正的 SAT 平均分數高出很多。一位匿名的大學招生處長告訴《華盛頓郵報》（*Washington Post*），由於可隨意提供 SAT 運動實際上等於不揭露 SAT 的低分成績，這個做法等於允許這些學校在《美國新聞與世界報導》提高排名。[7] 那麼，《美國新聞與世界報導》給這些學校的排名可能過高，恐將破壞排行榜本身的有效性和精確度。[8] 目前仍不清楚《美國新聞與世界報導》對此發展會如何反應，但合理的可能性是降低 SAT 的權重，強調其他衡量學業成就的標準，如大學先修課程（Advanced Placement，AP）。

　　大學先修課程計劃長久以來一直是美國教育的偉大成功故事。創立於 1950 年代，一群高瞻遠矚的教育家發起（包括創造「囚徒困境」一詞的艾爾伯特・塔克）的各科先修計劃委員會，設計出從微積分、物理、英語文學到俄語等等測驗，連批評者都讚美它是一致和有效的學業成就指標。因此，不令人意外地，政治人物和學校行政人員在尋求美國公立學校改善之道時，都抓住 AP 課程不放。

　　2000 年，美國教育部長和大學理事會主席宣布他們的目標是在美國每一所中學開 10 門 AP 課程。此後，美國各學區都投入大量人力物力去增加 AP 課程。耶魯大學物理、工程和應用科學退休教授威廉・李奇登（William Lichten）認為這個擴展計劃在很多學校毫無效果，尤其是表現較差的學校：

很多時候來自末段班高中的畢業生不但沒有準備好念大學進階課程，反而在入學時需要補課。(那些提倡擴展 AP 課程到表現欠佳中學的人士) 顯然忘了問一個簡單的問題，AP 測驗是設計來判斷學生能否跳過大學入門課程，直接念進階課程，當這些高中教出來的畢業生需要補修大學課業，怎麼可能期待它們教學生成功通過 AP 測驗呢？這個推論上的錯誤顯而易見。[9]

大學理事會對這類批判無動於衷，持續對少數族裔鼓吹修習 AP 課程可以「跟上潮流」，甚至對那些不打算念大學的人宣傳：「AP 課程不是只為頂尖學生或準備上大學的人而設，AP 課程適合每一個人。」以及「如果大學不在你的人生規劃中，AP 課程仍然是很棒的選擇……。不論你決定未來做什麼，你在 AP 課程學到的東西能增加自信，讓你邁向成功之路。」[10]

遺憾的是，從許多學校的 AP 課程不及格率來看，實在看不出這個計劃可以增加什麼自信。例如，佛羅里達州傑克森威爾市的《聯合時報》(*Times-Union*) 報導，「在 1995-1996 學年，安德魯傑克森高中有 29 名學生參加美國歷史大學先修課與期末大學學分檢定考試，沒有人及格。[11] 更廣泛來說，現有證據顯示，除了擇優招生的中學，推廣 AP 課程到公立學校的計劃產生少得驚人的成果。例如，在 2006 年費城學校系統中，41 所公立學校總共開了 179 門 AP 課程。少數「升學學校」(exam schools，諸如馬斯特曼高中，被譽為「三州最好的中學之一」) 表現優異，一些科目的及格率高於全國

平均值。但 32 所 SAT-V（語文）平均分數較低（介於 313 與 408 分之間）的學校中，有 27 所的及格率不到 10%，最高的及格率只有 33%。[12]

　　即使沒有政治壓力要將 AP 課程推廣到表現不好的學校，頂尖中學的學生早已承受巨大壓力，為了在申請大學時給自己加分，一定要考 AP 測驗。20 年前，只有最優秀的高中生考 AP 測驗，了不起考一科。在這之後，大學先修課程計劃的參與率暴增，如今精英大學的學生都要考過幾科 AP 測驗。對此，頂尖大學決定不再認可一些 AP 測驗學分，[13] 並要求其他測驗必須獲得更高分才能計算學分，[14] 學生當初努力修 AP 課程並通過考試的價值就被稀釋了。

　　AP 課程計劃暴增對大學理事會當然是好消息，現在它從 AP 課程賺取的收入超過其他所有收入總和（包括 SAT 和 PSAT）。這種成長已經引起非議。有些教育家聲稱「AP 課程與大學程度的課程相差太多」，及「AP 課堂是葬送求知慾的地方」。[15] 批評者擔憂，在今天高度競爭的大學招生環境，頂尖學生可能將重點放在盡可能修更多的 AP 課程，而不是從更具挑戰性的 AP 課程教材中獲得知性刺激。[16] 長此以往，遲早會啟動一整個新的反彈力量，在高中和大學招生的生態系統裡釋放出新的改變和調整浪潮。

　　這個系統可能不斷演化，也許永遠不會達到一個穩定的均衡狀態。這樣的前景似乎令人沮喪，但如果有足夠的賽局意識去了解驅動改變的力量，其實是好消息。不論你是家長、學校行政人員，或是有影響力的單位如《美國新聞與世界報導》或大學理事會，只要

你有賽局意識，便能在系統中預期和布局有利位置。以薩‧艾西莫夫（Isaac Asimov）在〈我自己的觀點〉文章中總結這個看法：

變化、持續不斷的變化，不可避免的變化是支配今日社會的因素。除非將目前世界狀態與未來世界發展都納入考量，才有可能做出明智的決策。……這進而表示，我們的政治家、企業家與一般人都必須採取科幻小說式的思維。[17]

艾西莫夫的「科幻小說式的思維」是以開放和富含想像力的前瞻視野，去了解形塑社會的力量，並預期未來的走向。我們知道這種思考方式，更簡單來說，這就是賽局意識。

▎系統演化穩定策略

演化生物學家最早擷取賽局理論的策略演化概念，用它來了解達爾文進化論的動態。確實，演化生物學家模仿賽局理論，常引用「演化穩定策略」（evolutionarily stable strategies，ESS）的概念，來幫忙了解演化過程的可能穩定結果。[*]但如前述大學招生及以下側斑鬣蜥（side-blotched lizard）的例子所示，有些演化系統可能永遠

---

[*] 一個策略生態系統的「演化穩定」，如果（1）系統已經進入均衡狀態，亦即，不再改變，而且（2）這個均衡狀態經得起小干擾，亦即，系統中任何小變化往往被進一步的演化自動逆轉／矯正。

達不到穩定狀態。

案例：蜥蜴的天擇賽局

策略演化可以違反直覺。達爾文的重要洞見是，透過天擇（natural selection）和性擇（sexual selection）的作用，動物受參與的賽局所形塑。利用從賽局理論衍生出來的公式，科學家甚至可以預測動物群落經過一段時期的可能演化方向。1996 年《自然》（*Nature*）期刊出現一項這樣的研究。[18] 行為生態學者貝利·辛內瓦（Barry Sinervo）和賴弗利（C. M. Lively）觀察一群與外界隔絕的側斑鬣蜥，其中公蜥蜴的基因設定有三種（固定和可遺傳的）交配策略。三種公蜥蜴在幾個方面明顯不同，包括牠們的喉部顏色：

- **藍喉公蜥蜴：**奉行一夫一妻制，牠們緊守著自己的配偶。
- **橘喉公蜥蜴：**體型大和好鬥，交配策略是豢養許多妻妾。
- **黃喉公蜥蜴：**蜥蜴世界的花花公子，外表娘娘腔（母蜥蜴也有黃喉），這些好色之徒會潛入橘喉的地盤，勾引深宮怨婦。

母蜥蜴決定交配時，牠本質上是在選擇兒子的喉部顏色，從而決定牠的兒子（相較於其他母蜥蜴的兒子）在下一代的交配上有多成功。

有趣的是，這個母蜥蜴之間的賽局，基本上和猜拳遊戲相同，

我們可以把橘喉看作石頭，黃喉看作布，藍喉看作剪刀。橘喉的兒子對抗一群主要由藍喉構成的蜥蜴最成功（石頭贏剪刀），而藍喉對抗黃喉最成功（剪刀贏布），黃喉對抗橘喉表現最佳（布贏石頭）。[19]因此，沒有一個交配策略容易變成優勢策略，因為一旦一個策略（譬如橘喉）占上風，另一個策略（黃喉）就會變得更成功，占整個群落的比例也會增加。

研究這些蜥蜴的生態環境來判斷賽局的（繁殖）得失之後，辛內瓦和賴弗利導出公式來預測橘喉、藍喉、黃喉之間的群落組合發展軌跡。令人感興趣的是，他們預測這個組合不會穩定，反而繞著「演化穩定策略」每幾年「運行」一個輪迴。對蜥蜴群落持續多年的觀察後，他們的預測已經被證實。

蜥蜴的例子強而有力地提醒我們，賽局如何形塑參賽者。我們觀察生命中的賽局，常以為是我們的選擇造成賽局的發展，但通常反過來才是事實。我們並未改變賽局，反而是賽局改變了我們，至少大多數人是如此。那些尚未擁有賽局意識的人就像傀儡一般，被賽局法則的繩子牽著跳舞。唯有擁有足夠的賽局意識、凌駕在賽局之上，並有足夠決心去改變賽局來取得策略優勢的人，才能獲得選擇策略、改變命運的真正自由。

第三章

合併或共謀，增加集體利益

任何契約、托拉斯或其他形式的結合或密謀，如限制州與州
之間或與外國的貿易或商業，均為非法。
　　——休曼反托拉斯法，1890 年

　　1870 年代發明有刺鐵絲網之後，農民終於能有效圈住
土地，美國西部也因此大大改觀。這個新產業唯一的問題是
產品簡單，廠商進入市場容易。的確，從 1873 到 1899 年，
美國的鐵絲網製造商多達 150 家。但隨著市場成熟，只剩下
少數最成功的公司。這些公司的創辦人被稱作四大巨頭，個
個是積極的競爭者，各有誘因提供更誘人的價格來攫取更大
的市場占有率。

　　圖 9 以其中兩家領導公司（刺籬公司〔Barb Fence Co.〕
和南方鐵絲網公司〔Southern Wire Co.〕）代表參賽者，說明
各公司在這個競爭性訂價賽局的得失。每家公司最好的結果
是提供市場唯一低價的產品，因為可以吃下最大份額的市
場，最差結果則是市場唯一高價的產品。當然，如果兩家公
司採取相同定價，雙方都寧可對產品訂出高價，而非低價。

　　注意每家公司的優勢策略都是訂低價。為什麼？且看刺

圖9　競爭性訂價賽局的報酬矩陣

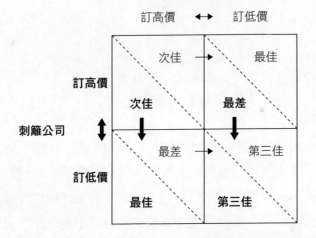

籬公司的例子。如果南方鐵絲網公司的產品訂出高價，刺籬公司寧可訂低價來攫取最大份額的市場（最佳結果），而非以高價來分享市場（次佳結果）。如果南方鐵絲網公司的產品訂出低價，刺籬公司同樣寧可訂出低價，不過現在是為了避免它的最差結果，也就是由南方鐵絲網公司獲得最大份額市場。由於兩家公司都寧可訂低價，不論另一家怎麼做，兩家都有一個優勢策略。不過，當兩家都採取優勢策略訂低價時，結果都比雙方都訂高價還差。因此，競爭性訂價賽局是一個囚徒困境。

　　四大巨頭曾被困在這個激烈競爭的狀態中，但時間不

長。1899 年，在約翰‧沃內‧蓋茲（John Warne Gates）領導下，它們合併成立美國鋼鐵與鐵絲網公司（American Steel and Wire Company），立刻使鐵絲網業從美國最競爭的產業變成獲利最豐的產業，不難想像蓋茲為何要推動合併。19 世紀末，合併浪潮席捲美國工業，允許實業家如安德魯‧卡內基（Andrew Carnegie）（鋼鐵業）和約翰‧洛克斐勒（John D. Rockefeller）（石油業）取得史無前例的控制權，支配範圍廣大的美國企業。但如此集中的權力引起強烈反彈，美國總統麥金利（William Mckinley）和羅斯福（Theodore Roosevelt）均以「打擊托拉斯」為執政的主要政策。

卡特爾化（cartelization，壟斷、企業合併或聯盟）使參賽者能夠藉合併成單一實體來照顧他們的集體利益，而脫離競爭的囚徒困境。

如今，美國所有大型合併案都經過聯邦管制者（依產業分別為司法部、聯邦貿易委員會或聯邦通信委員會）審查，如果管制者擔心合併會減少競爭以致損害消費者的利益，則慣常予以攔阻。[1] 因此，現在靠共謀來逃避競爭的囚徒困境，不像卡內基和洛克斐勒的鍍金年代（gilded age）那麼容易。

▎共謀未必是壞事

「共謀」這個詞給人的印象是在煙霧瀰漫的密室，密商扼殺競爭和傷害消費者的交易。但**共謀可以更廣義地視為一組參賽者之間的合作，只不過剛好傷害另一組參賽者而已。**但從社會福利的角度來看，如果我們特別重視共謀團體的福利，或如果他們的共謀活動產生的利益大於可能造成的傷害，那麼，共謀甚至可能是值得嚮往的做法。

例如，在鑽石市場，戴比爾斯（De Beers）長久以來阻擋鑽石經銷商進入市場參加競爭，並維持鑽石昂貴的價格，這無疑傷害戴比爾斯的潛在競爭者，但消費者呢？如我在下述「鑽石不再永恆」的例子論證，戴比爾斯的昂貴（和穩定）價格可能實際上對消費者是好事，因為增加鑽石的象徵價值。

其他卡特爾企業帶給消費者甚至更明確的利益。例如，假設在一個產業，廠商主要在研究上競爭（譬如，研發新藥），但最大的研究成果來自廠商共同合作。當第一對廠商以此方式結合起來時，它們會更快開發出新藥，因此傷害到市場上的其他廠商；若不加以管束，這些「共謀者」可能把其他廠商逐出市場，最後透過抬高價格，傷害消費者。不過，預見這個後果，其他廠商很可能也成雙成對結合起來。最後，市場可能從個別廠商單打獨鬥，演變為成對的廠商進

行相互競爭。如此的產業轉型，會加快新藥研發的腳步，對消費者也更有利。認識到這種潛在利益，相較於審查競爭者的合併，美國司法部和聯邦貿易委員會的管制者會用比較寬鬆的態度來審查競爭者之間的「合作」。[2]

更廣泛而言，這種效率論已經促使反托拉斯主管機關對幾種有「共謀」意味的企業活動採取比較寬容的態度。例如，承認智慧財產權在藥品和器材開發等領域既能促進創新，也能扼殺創新，美國司法部和聯邦貿易委員會評估智慧財產專屬授權交易與其他「排他性交易」的性質不同。[3] 有些團體甚至被排除在反托拉斯法的監督之外，包括工會、農場合作社，以及多數的大聯盟體育運動。[4]

體育和農場合作社的豁免規定在近年來遭到抨擊，[5] 但整體而言，隨著國會、最高法院及管制者認清某些性質的企業聯合具有潛在效率利益，美國反托拉斯法的普遍趨勢是讓豁免名單逐漸加長。就如下述「電話募款」例子，近年慈善捐款的發展也許需要另一個反托拉斯豁免，這是為了慈善目的著想。

案例：放棄壟斷，鑽石不再高貴

1477 年奧地利大公麥克西米倫（Maximilian）訂製一枚鑽石戒指，送給他的未婚妻法國勃根地（Burgundy）的瑪莉

公主。這是有史可考的第一枚訂婚鑽戒，一個新潮流在歐洲貴族和最富有的精英階級之間就此誕生。當時的鑽石極為稀有昂貴，僅在印度幾條河流的沉積層中發現。到了1869年，南非金伯利（Kimberley）發現巨大鑽石礦脈，吸引5萬名採礦者蜂擁而至，鑽石價格由此開始跌落，跌勢延續了數十年。

跌價，意味平民老百姓終於買得起鑽石了，[6] 他們立刻模仿訂婚送鑽戒的皇室習俗。但隨著愈來愈多「普通」人開始戴鑽石，鑽石不再受精英青睞，而鑽石在精英圈中失寵之後，它們也開始在老百姓眼中失去一些光芒。這經驗給南非的新鑽石大亨上了重要的一課：價格下滑會傷害鑽石生意。對大多數需求仍在成長的產品，降價是刺激購買的必要手段。但在訂婚鑽戒的例子，人們花錢買的是鑽石的象徵價值：一塊價值一年不如一年的石頭，能象徵什麼意義？

為了穩定價格，南非礦商必須少賣一些鑽石到市場上。但沒有一個礦商有誘因這麼做。礦商確實發現他們處於囚徒困境，人人有優勢策略去賣他挖到的每一粒鑽石，但每個人都不留鑽石時，大家都會吃虧。礦商解決這個供過於求問題的辦法，跟美國鍍金年代的工業家避免競爭的辦法差不多，在傳奇性的戴比爾斯創辦人賽西爾·羅德斯（Cecil Rhodes）領導下，合併成立了一個龐大的企業聯盟。

賽西爾·羅德斯很晚才加入金伯利的淘鑽熱，1874年

抵達時還只是個無名小卒。他只有一台蒸汽動力抽水機，他向發明者買下這台機器的權利。碰巧，金伯利礦的勘探者正為水煩惱，隨著他們挖得愈來愈深，地下水滲漏問題也愈來愈嚴重。羅德斯的抽水機變成想留在這一行的採礦者不可或缺的設備。可以想像，羅德斯向租抽水機的人大敲竹槓，迅速累積足夠財富，開始收購各式各樣的金伯利礦。要不了多久，羅德斯便控制整個南非的鑽石供應，並成立一個全球配銷網（叫做鑽石聯合集團），壟斷從礦場一路到市場的鑽石供應。[7]

1999 年 3 月，戴比爾斯的董事長尼古拉斯（小名「尼基」）‧歐本海默（Nicholas "Nicky" F. Oppenheimer）在哈佛商學院全球校友會的主題演講中解釋：

鑽石是最奢侈的東西，卻被無數人嚮往和擁有，它們被視為永恆和保值的終極禮物。但經營一種完全奢侈而又永恆不變和保值的商品仰賴一些非常堅定的紀律。我們戴比爾斯絕對不敢忘記，一個人的實際生活品質不會因為他從未買過一粒鑽石而改變。訂婚買鑽戒是一種融合承諾、美觀和保值的投資，這是一杯用理性和感性調配的濃烈雞尾酒。當然，做這些投資的人都以保存價值為目標，成為（戴比爾斯壟斷的）單一通路行銷的支持者。[8]

戴比爾斯企業形象的核心，長久存在著戴比爾斯跳脫尋常企業競爭法則的觀念。也能從 1999 年尼基‧歐本海默對哈佛商學院的演說得知：

我是戴比爾斯的董事長，戴比爾斯喜歡把自己看成世界最著名和運作最久的壟斷事業。在政策上，我們立志打破休曼先生的戒律（亦即，違反休曼反托拉斯法）。我們不掩飾控制鑽石市場的供應和價格的企圖，並和我們的業務夥伴共謀⋯⋯儘管如此，我們相信我們所做的一切不只對自己好，對所有鑽石生產者好，也符合消費者的利益。

為了免受美國司法部等反托拉斯主管機關的管制，戴比爾斯長久以來避免在美國有任何公開的業務活動。[9] 美國反托拉斯主管機關認為這遊走法律邊緣，但在戴比爾斯的商業觀點中，規避管制可以維護鑽石價值，最終甚至是服務顧客的必要手段。這聽起來很可疑，但鑽石市場缺乏完美競爭可能對消費者更好的概念其實是有道理的。

想想歐本海默的主張：「做這些投資的人（即買一枚訂婚鑽戒）都成為戴比爾斯的支持者。」這是明顯事實，因為每個擁有訂婚鑽戒的人都希望鑽戒永遠保值，但這不是鑽石特有的現象。同樣情形也出現在任何耐久財，譬如房地產，擁有房子的人自然支持每個維持高房價的政策。

　　更令人感興趣的是歐本海默更深層、意在言外的主張：戴比爾斯維持壟斷地位對所有消費者更好，甚至對尚未買訂婚鑽戒的人。這怎麼可能？因為新婚夫婦買的主要是一個承諾，承諾鑽石永遠不會跌價，因此他們的戒指「永遠」維持它的象徵價值。競爭市場不可能信守這種諾言，但戴比爾斯做到了，而且維持一個多世紀。

　　但隨著鑽石市場近年的分裂，戴比爾斯一諾千金的時代已走到盡頭。1999 年，高檔珠寶商蒂芙妮（Tiffany & Co.）宣布買進一家加拿大礦場的股權，不再透過戴比爾斯進貨。2003 年，加拿大礦業集團艾伯鑽石公司（Aber Diamond Corporation）購併奢華珠寶零售商海瑞・溫斯頓（Harry Winston），在美國、日本和瑞士有了自己的店面。購併潮一發不可收拾，愈來愈多鑽石礦商與零售商合夥，以避免戴比爾斯的壟斷。

　　戴比爾斯壟斷地位的瓦解，意味不再有任何單一參賽者有充分誘因採取昂貴的必要行動去維持鑽石價格平穩。2001年戴比爾斯的執行總裁蓋・賴梅里（Guy Leymarie）向《財星》雜誌表示，「我們不必奔走全世界買下所有鑽石。購買接近或高於我們售價的鑽石有什麼意義？那很蠢。我非常滿意只占有 6 成市場。」[10]

　　實際上打從一開始，「奔走全世界」和付溢價取得所有新鑽就是戴比爾斯企業策略的核心。畢竟，如果想維持壟斷

力量或壟斷利潤，就必須溢價併吞所有競爭者，不管他們在哪裡。賴梅里承認，戴比爾斯不再企圖買下全世界的鑽石供應，實際上意味戴比爾斯已經放棄維持壟斷地位。*確實，從 2000 到 2005 年，戴比爾斯供給全球鑽石的比例已從 65％跌到 43％，凸顯鑽石市場近年驚天動地的變化。

隨著目前僅剩虛名的戴比爾斯雄風不再，鑽石價格變得如其他高度競爭的商品般更容易波動。不幸的是，對鑽石商而言，每一次價格波動（不論漲跌），都傾向於侵蝕消費者長久持有的信念，即鑽石的價值「永恆不變」，因此適合做為永恆愛情的象徵。這個效應不會一夕間出現，也許會花上幾十年。但最終訂婚鑽戒會隕落，一旦出現這個情況，變化會非常迅速。[11]

當人們有了鑽石走下坡的想法，擔憂的言論開始散播，訂婚鑽戒的需求自然會減少，鑽石價格會因此下跌。但不像一般商品，跌價未必吸引更多買家。可能的影響是，更低的價格只會讓人更加相信鑽石不能長期保值，進一步壓抑訂婚鑽戒的需求和價格，形成一個惡性循環。最後，世界各地的戀人可能決定鑽石並非彼此承諾最好和最適當的象徵。這一切只因為戴比爾斯喪失對鑽石市場的共謀掌控力。

---

* 也許不是巧合，歐本海默家族最近決定出售鑽石業務變現。見 Jana Marais and Thomas Biesheuvel, "Anglo American Ends Oppenheimers' De Beers Dynasty with $5.1 Billion Deal," *Bloomberg*, November 4, 2011.

案例：電話勸募，錢沒進慈善機構

這像背叛……我不會再捐錢了，這就像有人從背後捅你一
刀，太不道德了。

——卡洛·派特森，美國糖尿病協會捐款者

自 2005 年起，數百萬美國人郵寄或手遞募款信給朋友
和鄰居，請他們捐錢給慈善機構，如美國糖尿病協會和美國
癌症協會。這些勸募活動募到很多錢，單單 InfoCision
Management 公司在 2007 至 2010 年間，就為三十多個非營
利組織募到 4 億 2,450 萬美元。但這些錢用在慈善的部分少
得驚人，例如，根據《彭博市場》（*Bloomberg Markets*）雜
誌 2012 年 9 月的調查報導，糖尿病協會的全國芳鄰勸募收
入只有 22％給慈善事業。[12] 其餘的錢都進了 InfoCision 的
口袋，InfoCision 的主要「貢獻」是打電話說服人們捐出他
們的時間、金錢（捐助者自己花錢郵寄），及朋友和鄰居的
善意，代它募款。

總的來說，InfoCision 保留 2007 至 2010 年間募到 4 億
2,450 萬美元的一半以上（2 億 2,060 萬美元）。InfoCision
向慈善機構收取的費用有些甚至超過募到的錢。例如根據聯
邦稅和州稅申報資料，2010 年 InfoCision 為美國癌症協會募
款 530 萬美元，但收費超過 540 萬美元。原則上這沒有什麼
不對。癌症協會資深副總裁葛雷克·唐納森（Greg

Donaldson）解釋：「像我們這樣的組織投資在一些賠本的招徠策略，以便與捐款者建立有意義的長期關係，這樣的做法並不衝突。」[13] 換言之，慈善機構也許沒拿到多少 InfoCision 代他們募到的善款，但他們渴望獲得未來多年不斷的捐助關係。

問題是，InfoCision 欺騙捐款人。例如，替糖尿病協會募款活動寫的電話行銷話術腳本中，勸募者會說：「我們收到的每一塊錢有大約 75 分會透過計劃和研究，直接幫助糖尿病患者和家屬。」實際上糖尿病協會只拿到 22 分錢。更糟的是，這個騙人的腳本是慈善機構批准的。當《彭博》質疑他們說一套做一套時，糖尿病協會的會員與直銷部副總裁李察‧厄伯（Richard Erb）「並沒有道歉」，反而說協會推動許多募款活動，總的來說，約 75％的善款用來資助它的計劃。「如果有人覺得遭到背叛或我們不誠實，顯然我們也不會覺得好過，」厄伯跟《彭博》說：「但問題是，這是一個事業。我們從來沒有在任何時間或地點說，『這筆錢大部分屬於我們』。」但這恐怕正是糖尿病協會叫 InfoCision 對捐款人說的話。

慈善機構募款成本高

為什麼許多聲響良好的慈善機構（不只糖尿病協會和癌

症協會，還有美國心臟協會、美國肺臟協會、美國防止虐待動物協會、畸形兒童基金會、全國多發性硬化症協會等等）同意募款電話行銷業者取得大部分的募款？最可能的答案是，InfoCision 收取的費用反映電話行銷的高額成本，[14] 慈善機構會發現自己進行這類活動的成本更高。[15]

因此，慈善電話募款的問題並不是唯利是圖的電話行銷業者剝削慈善團體，正好相反。顯然，它們的利潤太薄，令它們覺得必須採取咄咄逼人的勸募手法（包括欺騙），才能勉強打平成本。此外，慈善機構本身缺乏誘因去施壓電話行銷業者降低姿態，採取比較柔和的勸募手法（至少合法者），因為電話行銷業者靠此手段將盡可能多的人變成未來捐款者。當然，這種手法的缺點可能惹人厭或冒犯捐款人，斷了其他慈善機構向同一批人募款的後路。

至少在某個程度上，慈善捐款是一個零合遊戲。如果今天一家電話行銷業者說服我捐 100 美元來防止虐待動物，我明天捐給醫學研究或其他崇高理想計劃的錢就少了 100 美元。認識到這一點，每個慈善機構都有誘因盡可能緊迫盯人地要我的錢。結果會怎麼樣？像我這種樂善好施的人，被無數來自電話行銷業者的惱人電話轟炸，到最後，我們不再接電話，雙方都有損失。注意，雖然每個慈善機構的優勢策略是積極進行電話勸募活動，但當潛在捐款人不勝其擾，甚至拒絕捐款時，所有慈善機構都是輸家。從這點來看，慈善機

構也困在囚徒困境中。

聯合勸募，贏回捐款人信任

　　《彭博》揭發 InfoCision 的經營手法後不久，參議員布魯曼索（Richard Blumenthal，民主黨—康乃迪克州）、寇爾（Herb Kohl，民主黨—威斯康辛州）和葛拉斯利（Chuck Grassley，共和黨—愛荷華州）要求聯邦貿易委員會、國稅局、美國司法部及消費者金融保護局展開調查。一個可能的結果是，國會制定新的揭露規定，強迫營利的電話行銷業者告訴捐款人，他們捐的錢真正進入慈善事業的比例。[16]

　　而慈善機構和電話行銷業者對這些新規定如何反應呢？電銷業者採取普遍用來辨別新捐款者的「陌生電話推銷」做法，很可能受到最直接的衝擊。陌生電話推銷的成功率低，因此平均募款成本高。被迫揭露高成本會打消更多人的捐款意願，進一步推升平均募款成本，直到無人捐款給這種募款活動，電銷業者乾脆放棄。

　　隨著捐款者愈來愈抗拒募款中間人（電銷業者），最可能的「贏家」將是有能力自己進行全國募款活動的慈善機構，如聯合勸募（United Way）。聯合勸募的歷史可以追溯到 1887 年，「丹佛市一位婦女、一位神父、兩位牧師和一位猶太教士」腦力激盪，想出一個支持丹佛地區慈善團體的

新募款方式。不過聯合勸募真正誕生在 1918 年，12 個募款聯盟執行長將這個協調慈善事業的概念（即「卡特爾化」）擴大到全美國，成立美國社區組織協會，後更名為美國聯合勸募。[17]

聯合勸募的規模使它能夠募款、動員志工及建立夥伴關係（例如與美國足球聯盟長達 40 年的關係），來散播它做了多少好事的消息。其他慈善機構可能想複製它的成功，但別期待短期會出現很多聯合勸募模仿者。聯合勸募組織不論坐落世界何地都分享一個共同使命：促進當地社區在教育、收入和健康等核心領域的能力。因此，加入聯合勸募的慈善團體能夠整合起來，增加彼此的效益。

有些慈善機構關注比較狹隘的議題，例如推動預防乳癌的研究或終結無家可歸的問題，無法從這種合併運作方式獲益。這類慈善團體需要自立自強。即使如此，它們仍可能因為與其他募款活動合作而受惠。如此一來，它們至少能達到潛在必要的規模，有效率地進行自己的電話勸募活動，不必依賴追求利潤的中間人。

這種募款協作有觸犯美國反托拉斯法之虞。[18] 畢竟，一個企圖透過電話募款的慈善卡特爾（姑且稱之為「美國善施會」）將擁有超越 InfoCision 之類中間人的巨大優勢，後者可能發現自己無法競爭。為了讓慈善卡特爾能夠進入電話行銷領域和自行募款，國會可能需要立法，將慈善機構協調彼

此的募款活動納入反托拉斯的豁免範圍。

這種豁免在「1922 年卡帕—沃爾斯坦德法案」（Capper-Volstead Act of 1922）中已有先例，該法准許農民團體（即農民合作社）可以共謀制定價格。為何國會會授予農民共謀的權利？1848 年加州發現黃金，吸引大批移民前進西部，加州及其他西部各州的農業生產劇增，東西部之間的農產品貿易需求也大增。接著在 1869 年，中太平洋鐵路公司和南太平洋鐵路公司完成第一條橫貫美洲大陸的鐵路，之後兩家公司合併營運，壟斷這條極重要的新貿易路徑。

其後 50 年，在「卡帕—沃爾斯坦德法案」通過之前，落磯山兩側的農人別無選擇，只能接受鐵路壟斷者要求的任何價格。[19] 然而，一旦獲准共謀，農人可以集體談判爭取更有利的價格，降低運輸成本，刺激農業部門投入更多貿易和投資。同樣的，今天大部分慈善機構別無選擇，只能求助於營利的電話行銷業者，電話行銷業者由於有規模經濟，能夠更便宜地接觸潛在捐款人。然而，一旦獲准協調彼此的活動，慈善機構就可以一起合作來增加自己電話募款的效益，刺激非營利部門提供更多捐獻和善行。

當然，授予任何團體共謀的權利必然有風險，美國國會在設計反托拉斯法的「慈善豁免」範圍時，必須審慎為之。首先，必須做好防範措施，確保慈善募款卡特爾不會被部分慈善機構「綁架」，損害其他機構的權益。要了解潛在問

題，可以假設美國善施會現在已是合法的募款卡特爾，其管理階層被最大的慈善機構[20]把持，這些大型慈善機構可能有意無意地製造對小型慈善機構不公平的競爭環境。

例如，假設美國善施會基於「平等會員制」模式運作，每個會員繳幾百萬元會費，交換條件是可以雇用美國善施會的電話中心打固定數量的電話。這種協議對所有卡特爾成員是「公平的」，它們付同樣金額換取同樣數目的募款電話。但小慈善機構會被排除在外，因為它們付不起昂貴的會費。更糟的是，當「大咖」退出市場，營利公司如 InfoCision 可能也隨之消失，剩下的「小咖」實際上毫無選擇，因為它們小到無法自己推動募款活動。

只要限制反托拉斯豁免範圍，不准募款的卡特爾組織實施（明顯或含蓄地）歧視某些慈善機構的措施，風險即可降低。[21] 當然，類似這樣的限制也會製造自己的風險，因為即使動機良善的募款卡特爾，也可能非故意地歧視和觸犯法律。為了降低這種風險，管制者通常會頒布所謂的「安全港」（safe harbor）措施，只要遵行這些措施，即可免於反托拉斯法監督。

重點是，准許慈善機構協調募款活動，不只是讓慈善機構能夠更有效地募款，也能恢復捐款人對慈善事業的信心。而對於那些曾經被騙的捐款人來說，募款卡特爾則有機會贏回他們的信任。

關鍵概念 3：均衡

　　賽局理論家會用均衡的概念，探討完全理性而又有正確看法的參賽者在賽局中傾向的行動。雖然非理性和不正確的看法實際上比比皆是，但均衡概念仍然可以作為思考真實賽局發展的起點。最著名的均衡概念，就是「納許均衡」（Nash equilibrium）。

▌納許均衡

　　約翰‧納許（John Nash, Jr.）是 20 世紀最卓越的數學家，唯一同時擁有諾貝爾經濟學獎（1994 年以「納許均衡」獲獎）和斯狄爾數學獎（Steele Prize in Mathematics）（1999 年以「納許嵌入定理」〔Nash embedding〕獲獎）兩項殊榮者。他也是唯一生平被拍成電影而贏得奧斯卡金像獎的數學家（2001 年最佳影片《美麗境界》，由羅素‧克洛飾演納許）。

　　儘管納許最響亮的名聲是對賽局理論的影響，但他對純數學的貢獻或許更令人欽佩。確實，斯狄爾獎委員會在宣布他得獎時表示，「納許嵌入定理是本世紀數學分析最偉大的一項成就」。雖然納許嵌入定理的概念很難用白話說明，它涉及將奇形怪狀的表面「嵌入」歐氏空間（Euclidean space），但納許均衡卻簡單到連小孩子都能懂。

　　兒童版定義：納許均衡是每一個人在考慮其他人的行為下，拿

出自己最大本領的狀態。

正式定義：納許均衡是一個策略組合，使得每個參賽者在其他參賽者的策略下採取的最佳反應策略。（一個參賽者的「最佳反應」是在其他人的策略下，將個人利益極大化的策略。）

案例：鬥嘴夫妻夜遊記

1968 年開始連載，刊登在 23 個國家 500 份報紙的漫畫 *The Lockhorns* 中，有一對愛拌嘴的夫妻李洛伊（Leroy）和蘿莉塔（Loretta），這對著名的漫畫人物婚姻並不特別美滿。有幅漫畫描述李洛伊和蘿莉塔出席一個盛裝派對，李洛伊的主要目標顯然是取笑他太太拙劣的駕駛技術，*他說到：「因為我喝酒，所以蘿莉塔開車；而且因為她開車，所以我喝酒。」這段話暗示他和蘿莉塔在進行一場賽局。雖然並不清楚他們在這場賽局的確切策略和得失，但我們可以推論兩件事。

首先，既然「因為我喝酒，所以蘿莉塔開車」，她一定寧可選擇李洛伊喝酒和她開車的結果，而不選擇李洛伊喝酒和她不開車的結果。（不確定的是，如果李洛伊喝酒和蘿莉塔不開車會發生什麼事。李洛伊會酒醉駕駛嗎？他們會搭計程車回家嗎？蘿莉塔選擇開

---

* 喜歡看鬥嘴夫妻的漫畫迷會知道，蘿莉塔常因超速被開單（一則漫畫中，李洛伊問：「你怎麼可以拿到聯邦航空總署的罰單，這怎麼辦到的？」）她也經常撞車（在修車廠，蘿莉塔的綽號是「超級對撞機」）。

圖 10　鬥嘴夫妻賽局的不完全報酬矩陣

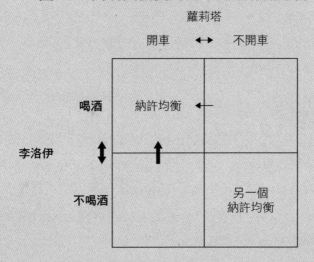

蘿莉塔

開車　←→　不開車

喝酒　納許均衡

李洛伊

不喝酒　　　　　　　另一個
　　　　　　　　　　納許均衡

車，透露不管有哪些替代方案，她更喜歡這個實際結果。）這反映在
圖 10 的報酬矩陣，蘿莉塔的誘因箭頭指向左邊的「飲酒」列。其
次，既然「因為她開車，所以我（李洛伊）喝酒」，李洛伊一定寧可
選擇他喝酒和蘿莉塔開車的結果，而不是她開車和他不喝酒的結
果。這反映在報酬矩陣上，李洛伊的誘因箭頭指向上方的「開車」
行。

　　由於李洛伊和蘿莉塔各自採取因應對方策略的最佳反應：當蘿
莉塔開車，喝酒是李洛伊的最佳反應，當李洛伊喝酒，開車是蘿莉
塔的最佳反應，因此「李洛伊喝酒＋蘿莉塔開車」是納許均衡。

　　這可能不是這場賽局唯一的納許均衡。確實，我們可以從李洛

伊的話中聽出蘿莉塔只因為李洛伊喝酒才開車（亦即，如果他不喝酒，她不會開車），及李洛伊只因為她開車才喝酒的弦外之音。若是如此，則「李洛伊不喝酒＋蘿莉塔不開車」會是另一個納許均衡。[1]

納許均衡的限制

納許均衡的概念似乎是直覺，**但在很多賽局中，太信任納許均衡可能會讓你陷入麻煩。特別是，如果在有人先出招的賽局，納許均衡其實是錯誤的概念**。所幸，賽局理論家已想出其他概念來幫助我們思考這類賽局，也就是後面討論的「回溯均衡」（Rollback equilibrium）和「承諾均衡」（Commitment equilibrium）。

▎回溯均衡與承諾均衡

人生之路只有倒退才明白，但這條路只能向前走。
——索倫・齊克果

假設快閃記憶體磁碟市場目前被一家名為「壟斷者」的公司獨占，它只有一座工廠。另一家公司「進入者」考慮要建一座工廠來進入市場，而壟斷者同時也可能建第二座廠來擴充產能。由於在這一行累積的經驗和專業知識，壟斷者能用比進入者快得多的速度建新廠。然而，不論快閃記憶體磁碟是由誰生產，價格都一樣，而且都會用相同的成本製造，因此每家公司將享受相同的單位利潤。

圖 11　產能進入賽局的獲利情況

誰建廠？	共有幾座廠？	市場結果
無人建廠	1	獲利很好 壟斷者全拿
僅壟斷者建廠	2	獲利尚可 壟斷者全拿
僅進入者建廠	2	獲利尚可 與進入者分享
雙方都建廠	3	雙方都不賺錢

　　如果只有一座工廠，總利潤最高；若有兩座工廠，利潤減少但仍有賺頭；若有三座工廠，就要轉盈為虧了。（因為建愈多工廠，產量愈高，造成價格下跌。這裡假設拉低價格的效應夠大，以致於每增加一座工廠，市場就變得愈無利可圖。）圖 11 概述各公司的獲利能力，取決於誰在這個產能進入賽局建新廠。報酬矩陣則顯示在圖12。

　　壟斷者的優勢策略是不建第二座廠，為什麼？首先假設進入者決定建廠。在此情形下，如果壟斷者也建廠會造成過剩產能，讓兩家公司都無利可圖。因此壟斷者顯然寧可不建廠。如果進入者不建廠呢？在這個情形下，壟斷者一樣寧可不建廠，雖然現在是因為可

圖 12　產能進入賽局的報酬矩陣

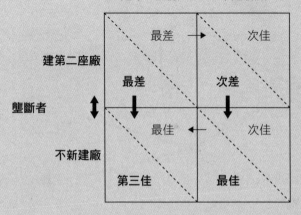

進入者

建第一座廠 ⟷ 不建新廠

以因此限制快閃記憶體磁碟的供應並維持高價，從持續壟斷中榨取最多利潤。[2] 但是，只要進入者料到壟斷者不會建廠，進入者還是會選擇建廠進入。

這個賽局的唯一納許均衡是「壟斷者不建廠＋進入者建廠」，但我們認為這個狀態根本不會發生。回想前面的假設，壟斷者能夠<u>用比進入者快的速度建新廠</u>。這個速度允許壟斷者搶在進入者之前破土和承諾建工廠。如果它選擇這麼做的話，一旦進入者看到壟斷者承諾要建第二座廠，進入者寧可選擇不進入市場。這為壟斷者帶來它的次佳結果，對壟斷者來說，「壟斷者建廠＋進入者不建廠」好過必須分享市場的納許均衡。

圖 13　產能進入賽局的賽局樹

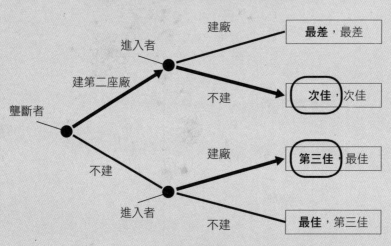

這是怎麼回事？主要是壟斷者有能力和誘因先發制人。因此，這個賽局有行動次序，其中的均衡概念並非納許均衡，而是另一個諾貝爾經濟學獎得主的概念，叫做回溯均衡。[3] 回溯均衡分析，是設計來追蹤後動者可能如何反應先行者的舉動。因此回溯均衡分析可以說明當先行者預料他人可能的反應時，自己將如何出招。

要尋找依序行動賽局的回溯均衡，首先用賽局樹來代表賽局及行動順序。圖 13 用賽局來顯示產能進入賽局，壟斷者是先行者。壟斷者是否建第二座廠的決策最先出現，位於樹的「根部」。然後取決於壟斷者怎麼做，進入者選擇走哪一條「樹枝」。最後，樹上每一片「葉子」呈現每一位參賽者在每一個可能結果的得失，相當於報

first-mover

酬矩陣。（壟斷者的得失列在每片葉子的前端。）

我們按索倫・齊克果（Søren Kierkegaard）建議的方式，以倒退方式了解賽局，從樹葉開始，順著樹枝退回樹根。首先，考慮進入者在上層樹枝的決策。在壟斷者建第二座廠之後，如果進入者也建一座新廠，市場將無利可圖，因此進入者寧可留在外面；如果壟斷者不建廠呢？在此情形下，進入者寧可進入，去分享一個多少有利可圖的市場。其次，考慮壟斷者。預期進入者的反應將取決於壟斷者是否建第二座廠，壟斷者的選擇實際上是在兩個結果之間，由圖 13 的粗箭頭指出。（壟斷者在這兩個結果的得失被圈了起來。）顯然，壟斷者比較喜歡「壟斷者建廠＋進入者不建廠」的結果，比較不喜歡「壟斷者不建廠＋進入者建廠」的結果。因此，壟斷者會選擇建新廠，做為嚇阻進入者的手段。

回溯均衡也是錯誤概念……

回溯均衡概念依賴的核心假設是，後動者必然對先行者的行動做出最佳反應。例如，在產能進入賽局，我們的回溯分析依賴的假設是，如果壟斷者承諾建第二座廠，進入者會做出不進入市場的反應。但如果進入者事先已經讓壟斷者相信它無論如何都會進入市場呢？如果壟斷者相信這種承諾，就會被嚇到不敢建新廠。像這樣某個參賽者雖然會先出招，但後動者卻擁有承諾的力量的形式，我們就需要另一個概念，我稱之為承諾均衡。[4]

「回溯均衡」適用於有行動次序的賽局（見關鍵概念1）。在這種均衡下，先行者會做出對自己最有利的行動，並假設後動者會對該行動做出最佳反應。

「承諾均衡」適用於有承諾行動的賽局（見關鍵概念1）。在這種均衡下，後動者會做出對自己最有利的承諾，並假設先行者會對這個承諾做出最佳反應。

繼續討論產能進入賽局，回想壟斷者作為先行者唯一嚇阻其他人進入市場的方法，就是在進入者承諾建廠前，迅速承諾建另一座工廠。不過，即使出現這個結果對壟斷者也不大好，因為不建第二座廠對它更好。所幸，壟斷者作為後動者，如果它能提前承諾它將對進入者的行動採取什麼反應，就可以獲致它的最佳可能結果。特別是，假設壟斷者承諾下述威脅：「如果你要建一座新廠進入市場，我就會建新廠，即使這樣對我們兩個都不好。」如果進入者相信這個威脅，那進入者只有兩個選擇，一是不進入，另一則是進入市場造成過剩產能。在這兩個選擇之間，進入者會選擇不進入，壟斷者甚至不必再建一座廠就達到嚇阻進入的效果。

當然，類似這樣的承諾行動能否得逞，關鍵在於這些承諾是否被相信。一旦進入者已經建廠，壟斷者會寧可妥協，分享市場，而非製造過剩產能來挑起價格戰。但壟斷者有很多辦法讓這種威脅變得可信，它通常採取某種方式來改變賽局。例如，假設壟斷者主要用市占率來衡量執行長的績效，而非利潤。那麼，壟斷者的執行長就會有強烈誘因用建第二座廠來回應其他公司的進入，以確保公司

維持產業龍頭地位。但執行長的誘因本身可以被董事會改變。壟斷者的董事會是否會寧可給執行長誘因去向進入者妥協，以避免昂貴的價格戰？

也許會。但上面討論忽略進入賽局的一個基本特性：可逆轉性（reversibility）。如果進入者為了進入市場，而且興建的廠房可以改變用途，投入競逐另一個產業，那麼壟斷者就可以盡可能猛烈攻擊進入者，不惜造成一些短期損失，以期將進入者驅趕到另一個市場。這樣做會恢復它的壟斷地位，還能建立剽悍名聲，以嚇阻未來有進入者再度挑戰它的壟斷。[5]

即使進入者的廠房不能改變用途去投入別的市場，壟斷者仍能把它買下。再者，別忘了在市況不好時，進入者會願意接受較低的價格；壟斷者甚至可能發現另建一個廠或發動價格戰可以獲利，而逼使進入者賤售廠房。*

---

* 當然，反托拉斯主管機關可能上門，懲罰如此膽大妄為的反競爭行為。

第四章
威脅報復，嚇阻對手行動

　　傑西・詹姆斯（Jesse James）和比利小子（Billy the Kid）是兩個美國歷史上最惡名昭彰的亡命之徒，在西部拓荒全盛期剛好都晃蕩到堪薩斯州道奇城。全城屏息以待接下來會發生什麼事。一山不容二虎的道理大家都懂，他倆遲早要正面交鋒。該來的終於來了，在長支酒館（Long Branch Saloon），比利和傑西突然正面相遇，中間只隔著幾英尺。[1] 轉瞬間，兩名快槍手都拔出他們的左輪手槍，不偏不倚瞄準對方。兩人槍法這麼好，距離又這麼近，因此任何一發都保證致命。但兩人都沒有扣扳機，他們只是僵在那裡，像兩座雕像。

　　歡迎來到墨西哥僵局（Mexican Standoff）。[2] 在這場虛構的賽局裡，驅使每個亡命之徒的主要動機是擦亮快槍手的金字招牌，活過這一天還是其次。特別是，兩人都希望冠上「有史以來最偉大快槍手」的頭銜，並避免永遠落到第二名。如果只有一人從眼前的爭霸戰活下來，他當然會被世人記住，成為史上最偉大的快槍手。反之，如果兩人都死了或都活下來，他們的卑劣掠奪行徑將繼續被評為不分軒輊。

　　圖14用報酬矩陣概述上述考量。注意每個亡命之徒的

圖 14　墨西哥僵局的報酬矩陣

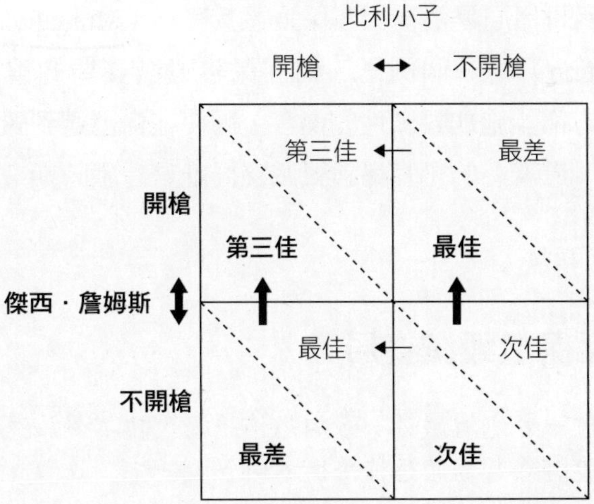

比利小子

開槍　　←→　　不開槍

	開槍	不開槍
開槍	第三佳 / 第三佳	最差 / 最佳
不開槍	最佳 / 最差	次佳 / 次佳

傑西‧詹姆斯

優勢策略，都是要開槍。先看傑西，如果比利開槍，傑西寧可也開槍，以確保他不會在快槍手名人堂淪為第二；反之，如果比利不開槍，傑西仍寧可開槍，雖然現在是為了搶奪冠軍寶座。當然，兩人都開槍（平手和死亡）的結果比不上兩人都不開槍（平手和存活）。因此，墨西哥僵局也是一個囚徒困境。

兩個亡命之徒都以選擇開槍為優勢策略，但兩人都沒有立刻扣扳機。為什麼？因為兩人都知道自己的子彈不會立刻殺死對手，事實上，對方會在中彈的瞬間反射性地扣扳機。既然開槍射對方等同開槍射自己，雙方都克制自己不啟動決

鬥。雙方都安全……至少暫時如此。

墨西哥僵局是俗稱相互保證毀滅賽局（Mutually Assured Destruction）的一個例子。相互保證毀滅賽局的重要特徵是，雙方都能施加毀滅性的傷害，即使在自己遭到毀滅性攻擊之後。最著名的相互保證毀滅賽局就是冷戰時期美國和蘇聯的演出。

▌相互保證毀滅賽局

這是任何一方能消滅另一方的恐怖平衡，與不管誰先攻擊，雙方都能消滅對方的恐怖平衡不同。
　　——湯瑪斯·謝林*《衝突的戰略》

1944 年 3 月，史上第一枚原子彈引爆前一年多，《驚奇科幻》（*Astounding Science Fiction*）雜誌登了一篇短篇小說〈最後期限〉（Deadline），以大量和精確的細節描述原子彈的內部機制。[3] 故事情節反映當時科學家普遍存在的恐懼，害怕原子彈爆炸會引發不可控制的連鎖毀滅反應。《驚奇科幻》雜誌發行人約翰·坎貝爾（John Campbell）[4] 先有小說的構想，再邀克里夫·卡特米爾（Cleve Cartmill）實際執筆，他在給作者的信中解釋：

---

* 謝林「透過賽局理論分析，增加我們對衝突與合作的了解」，以開創性的研究獲 2005 年諾貝爾經濟學獎（與羅伯·奧曼〔Robert Aumann〕共享）。

他們害怕（原子）能量的爆發將無比狂暴……周遭物質被引爆……事態嚴重。一座島或一大塊大陸會被炸掉，從地球上消失。它會動搖整個地球，造成強烈地震，其強度足以破壞另一邊的地球，並徹底摧毀爆炸地點（數千）英里內的一切。

坎貝爾構想的故事是，「情報員被派去摧毀原子彈，拯救這一天的歷險記」。這故事聽起來令人興奮，但讀者並沒有特別感動。1944 年 3 月號總共登了 6 篇小說，在讀者意見調查中，〈最後期限〉獲得倒數第一名。那些讀者還不知道，原子彈在當時已經不是科幻了。

雖然科學家擔憂的原子彈爆炸的連鎖反應最後證明缺乏事實根據，新墨西哥州的白沙核試爆並沒有產生反應[5]，但 1945 年 7 月 16 日的第一次核爆確實如小說的恐怖意涵一樣，引發戰略性的連鎖反應。短短 4 年後，在 1949 年 8 月 29 日，蘇聯首次引爆核彈。再過不到 4 年，美蘇雙方都引爆了氫彈，這個所謂的熱核武器，威力比摧毀廣島和長崎的第一代核彈強上千倍。到了 1960 年，美國已儲備 2 萬枚以上核子武器，蘇聯則有大約 1,600 枚，足以將彼此炸得粉身碎骨很多次。[6]

美蘇雙方都覺得要維持這麼大的核武儲備，才能阻止對方先發動攻擊。畢竟，即使先發制人採取最成功的核子攻

擊，也不能摧毀另一方所有的飛彈，這些武器藏在地下深處，在與世隔絕的地下碉堡，或配備在隱密的潛艦裡。況且，即使只有幾十枚核彈的小小反擊，也會對先攻者造成巨大傷害。

有些人可能覺得這個邏輯很有說服力，完全放心靠相互毀滅的威脅來維持和平就好了。但事實上，相互保證毀滅賽局比這恐怖多了，對這類計謀的操作至少該擔心不小心擦槍走火。當然，從冷戰時期並未發動核子攻擊來看，有這種信心是合理的。但我們可以真的放心，萬一將來出現類似狀況能同樣安全嗎？

只靠抽象理論來預測真實世界永遠是危險的。我們見過這種「理論的危險」，在本書前言中，我們看到交易員對布萊克—休斯方程式的盲目信仰，導致長期資本管理公司在1998年崩垮。那場金融危機已經夠慘了，但核子戰爭顯然風險更大得多。我們必須認清事實：**相互保證毀滅賽局具有危險理論的一切典型要素：（1）簡單和令人信服的一套邏輯，但是（2）這套邏輯依賴隱藏的假設，如果沒有那些假設，理論不堪一擊**。特別是，相互保證毀滅賽局嚴重依賴至少三個主要假設，如果假設不成立，不會發生戰爭的預期就會被證明大錯特錯。這些假設全部與每個參賽者以核子反擊來報復的威脅有效性和可信度有關：

1. **精神正常：**參賽者都寧可避免自己遭受核彈攻擊。
2. **報復能力：**一方參賽者先發動攻擊後，另一方能摧毀對手。
3. **報復誘因：**一方參賽者先發動攻擊後，另一方願意摧毀對手。

精神正常的重要性相當明顯。如果任何一方真的想被核彈攻擊，或是想終結地球生命，一個簡單辦法就是對另一參賽者發射飛彈。好萊塢編導們把這個概念玩得不亦樂乎，找出可能想挑起核子戰爭的各式理由，從《奇愛博士》（*Dr. Strangelove*）精神錯亂的將軍和《赤色風暴》（*Crimson Tide*）內部叛變，到《戰爭遊戲》（*WarGames*）智慧型機器人對人類苦難無動於衷或《魔鬼終結者》（*Terminator*）主動想要接管世界。當然，這些虛構的電影情節太匪夷所思，大多數人看完電影後可能認為我們比實際上安全多了。相互保證毀滅賽局最實際（但願低機率）的失敗風險，來自其他與報復相關的假設不能成立的時候。

打從一開始，冷戰規劃師就了解能夠迅速報復任何攻擊的重要性。這就是為什麼自艾森豪總統以降，歷任美國總統身旁隨時有一位官員，攜帶一個改造的公事包，綽號「足球」，裡面裝著總統下令核子攻擊所需的驗證密碼和通訊功能。萬一總統下達指令，只要國防部長確認就可以發射飛

彈。不必諮詢國會，不必諮詢其他人。

這太令人不安了，只要兩個人就可以決定世界的命運。然而，更多監控只會拖慢報復程序，甚至會讓其他擁有核武的國家懷疑，美國是否真有發動有效反擊的能力。這樣的懷疑可能致命，如我在下述「危險的總統」案例所論證的，即使在所有核武國家都不想傷害其他國家的「無害」形勢下，只要出現某個特定報復行動，也能觸發核子戰爭。

案例：雷根「星戰」計劃

1983 年 3 月，美國總統雷根宣布「戰略防禦初步方案」（Strategic Defense Initiative）。「戰略防禦初步方案」的目的是促進研究，使美國能夠（在未來某日）發動地面和太空防禦系統，攔截來自蘇聯的核子攻擊。這個所謂的「星戰」飛彈防禦系統是否使世界變得更安全還有待商榷，但有件事是確定的：雷根公開宣布美國企圖發展這種系統，立刻使世界情勢變得更不確定。

蘇聯對雷根的宣布表示懷疑。根據美國海軍研究所一篇探討蘇聯反應的博士論文：

1984 年，蘇維埃和平與反核子威脅委員會（發表）一篇非常詳盡的技術性報告，（引述）「戰略防禦初步方案」因為有龐

大的成本與極度難防的對策兩個理由，所以可以得出以下結論：「雷根政府聲稱新的反飛彈防禦系統可以在核彈浩劫時拯救人類，這或許是當今時代最大的騙局。」[7]

蘇聯不相信美國有能力建立一個有效的核子金鐘罩，這是美國運氣好。倘使當時「戰略防禦初步方案」在技術上有絲毫潛在的可行性，蘇聯會立刻警覺，無疑會逐步升高他們的軍費支出，來發展可以抵銷或逃避「星戰」威脅的新武器。美國可能陷入全新的太空武力競賽，造成難以預見的後果和危險。

案例：危險的總統

雷根的「星戰」飛彈防禦計劃多年來獲得大量關注，因為它有潛力破壞世界相互保證毀滅賽局下的和平，但其他潛在危險多屬政治性質。例如，在冷戰時期，蘇聯可以合理地擔憂美國可能選出一位好戰總統，會先發制人發動核子攻擊。這也許聽起來十分荒謬，但請聽我解釋。

假如美國總統制是一個獨裁制度，亦即總統可以終身連任。即使最嗜血、最恨蘇聯的美國獨裁者也不敢對蘇聯發動先發制人的攻擊，因為他知道必然引起毀滅性的報復。但美國不是獨裁國家。確實美國政治制度有一個奇怪的特性，總

統在整個「跛腳鴨」時期（編注：指任期快滿，即將失去影響力的期間）保有權力，這期間，現任總統知道誰是下任總統。這產生一個危險，因為繼任者可能有非常不同的外交觀點，包括是否發動報復性攻擊。要知道這種矛盾何以危險，可考慮下述虛構的情境。

想像一下，美國在冷戰末期選出一位鷹派總統（總統1號），他確信如果沒有發出可信的核子報復威脅，蘇聯一定會對美國發動先發制人的攻擊。再想像一下，如果這位總統競選連任失敗，輸給反對黨候選人（總統2號），而總統2號對蘇聯比較採取和解的態度。甚至，總統2號認為總統1號的好戰態度才是真正問題，蘇聯絕不會攻擊，即使它會發動反擊也極度愚蠢，因為那將保證人類走向滅絕。

如果你是總統1號，在敗選的第二天你會怎麼做？記住：你相信蘇聯會利用總統2號的軟弱，在就任後立刻對美國發動毀滅性的先發制人攻擊。你顯然不能容許此事發生。你絕不能讓總統2號掌權。你和跟你想法一致的國防部長便召集軍方將領，探討發動政變來延長總統任期的可能性，但任憑你堅稱世界前途危在旦夕，他們拒絕違背效忠和捍衛憲法的誓言。

你焦躁不安、極度苦惱，只剩下唯一的選擇。你和國防部長做了最後的祈禱，然後先發制人發動攻擊。這樣一來，至少你能消除一大部分蘇聯軍備，降低他們摧毀美國的火

力。你的想法是，至少有一些美國人會存活，而你是其中之一，蘇聯人忙著逃生，自顧不暇，沒空侵略終結美國。

當然，蘇聯在這場賽局並不是被動的參賽者。以美國政治的透明和公開，他們極可能早就摸透總統 1 號的心思。理所當然擔心在大選日和總統 2 號宣誓就職的過渡期，美國會先發動攻擊，所以蘇聯可能「理性地」先發制人。最後，全體人類甚至可能活不過美國大選揭曉之夜。[8]

相互保證毀滅賽局是所謂的「動態賽局」（dynamic games）。**動態賽局的特徵是它們即時（real time）發生，每個參賽者有能力迅速觀察和反應另一方的行為變化。**在冷戰脈絡中，美蘇雙方都能夠觀察和反應任何核子攻擊，因為（1）飛彈一發射，就會被雷達偵測到，以及（2）任何先發制人的攻擊都不能摧毀所有飛彈，尤其是那些由各自的核子攻擊潛艇艦隊攜帶的飛彈。同樣的，在墨西哥僵局，每個亡命之徒都能在中彈後扣自己的扳機。

相互保證毀滅賽局的另一個重要特徵是「等待賽局」（waiting games），持續停留在一個固定的現狀，直到某人終於「扣扳機」。但並非所有動態賽局皆是如此，例如，在下述動態訂價賽局，每家航空公司都能夠逆轉自己的訂價行動，這表示動態訂價的「錯誤」可以用很少或零成本的方式取消；反之，相互保證毀滅賽局發生錯誤卻會保證出現相互毀滅。

案例：動態訂價賽局 *

假想只有達美航空和美國航空經營芝加哥到亞特蘭大的直飛航班。再假設有意飛這條航線的旅客首先查看航空公司票價，然後向較便宜的那一家訂票。為了讓這案例簡明易懂，假設顧客只查一次票價，而且顧客對兩家航空公司皆無任何忠誠或偏好。此外，假設每位旅客願意付 200 美元買機票，但提供這項服務的成本僅 100 美元。[9]

如果達美航空和美國航空能夠成立卡特爾來將它們的集體利潤極大化，它們都會將票價訂為 200 美元，來攫取每位旅客願意花在機票上的最高金額。不過，達美航空和美國航空是死對頭，它們有誘因用低於對方的價格來競爭。但它們是否真的會提供較低的票價，則取決於這個賽局的細節。考慮二種選擇：

> **選擇 1：拍賣。**每一位旅客要求航空公司祕密報價，不准它們互通消息，然後選擇比較便宜的一家。（如果兩家航空公司報價相同，旅客擲銅板決定。）
>
> **選擇 2：公告價格。**航空公司維持公開價格，旅客和其

---

* 這個例子的靈感來自真實世界的賽局，欲知詳情，請參考扭轉情勢的賽局贏家案例 1：比價網站的便宜陷阱。

圖 15　航空公司在拍賣情境下平均每名乘客利潤

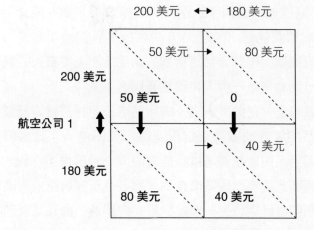

他航空公司都看得到。每一位旅客可以查到這些價格，
選擇比較便宜的一家。（如果兩家航空公司公告同樣的
價格，旅客就擲銅板決定。）

首先考慮拍賣。圖 15 說明每家航空公司的平均乘客利
潤，取決於它們如何訂價（為了簡單說明起見，假設只有
200 美元和 180 美元兩種報價）。例如，如果一家航空公司
報價 200 美元，另一家報價 180 美元，旅客肯定會選價格較
低的一家，這時，公司的利潤是 180-100 ＝ 80 美元。另一
方面，如果兩家都報價 180 美元，那想要做成生意，取決於

旅客擲銅板的結果。因此，每家航空公司有一半時間賺 180-100 ＝ 80 美元利潤，另一半時間分文未得，平均利潤為 40 美元。（同樣的，當兩家航空公司的票價都是 200 美元，他們的平均利潤就是 50 美元。）注意每家航空公司的優勢策略都是訂低價，但雙方都訂低價的結果比不上雙方都訂高價的結果，因此這是一個囚徒困境賽局。

遺憾的是，在拍賣情境，由於航空公司採取祕密報價，他們無法用報復的威脅來脫離這個囚徒困境。[10] 公告價格的情形則否，由於旅客可以在任何時間查看票價，沒有一家航空公司願意讓自己的票價最高。只要有一家航空公司降低票價，我們可以期待另一家航空公司會跟進，而且是立刻跟進。因此，任何降低價格的行動等於一前一後、亦步亦趨的導致兩家航空公司的票價都降低。[11] 既然削價競爭毫無好處，兩家航空公司自然樂於維持 200 美元的價格，它們恰如彼此共謀的卡特爾。

第五章
建立信任，贏得更多交易機會

其身正，不令而行。
——孔子

　　你剛收到奈及利亞國家石油公司財務長的一封電子郵件，請你幫忙將一筆 4,000 萬美元的橫財匯出奈及利亞。他會付你 400 萬美元酬勞，但你必須先寄 1 萬美元開一個奈及利亞銀行帳戶。聽起來是相當不錯的投資報酬，是嗎？當然不是！這是惡名昭彰的「奈及利亞騙局」，你很可能已經見識和拒絕過，但也有很多人上當。早在 1997 年，根據美國特勤局金融犯罪處的報告，這種騙局「過去 15 個月僅僅在美國造成的確認損失就已經超過 1 億美元。」[1]

　　你也許絕不會上奈及利亞騙局的當，但下面的情境呢？你想買一台新相機，搜尋比價網站 PriceGrabber.com 後，你注意到 BPPhoto.com 的佳能 EOS Rebel T3 型相機只賣 409 美元，與亞馬遜（Amazon）及其他特別推薦商家的 499 美元售價相比簡直撿到便宜了。*你從來沒聽過 BPPhoto，但

---

* 關於 PriceGrabber.com 及這段插曲，見扭轉情勢的賽局贏家案例 1：比價網站的便宜陷阱。

這種好康不是天天有。你只要照價付款，BPPhoto 會承諾快遞照相機給你。你會下單嗎？如果會，BPPhoto 和那個來自奈及利亞的財務長有什麼差別？為什麼一個你會相信，一個不會？本章探討信任議題，主要關注在兩個問題：

1. 值得信賴的參賽者到底做了什麼是不被信賴的參賽者沒做的？
2. 如何贏得信任？

我們生活在一個大部分守法和有道德的社會，人們彼此尊重和友善，純粹出於善意，別無他圖。在這個環境中，人人優雅地付出和接受信任。如果故事只有這樣，那生活簡單的多，然而，即使是最講信修睦的城市，總有一些居民不在乎是非對錯，不在乎他人福祉。心理學家給這些人取名為反社會者（sociopaths），亦稱精神病患（psychopaths）。[2]

「反社會者」這個詞讓人聯想到《驚魂記》（*Psycho*）之類的電影及瘋狂連續殺人魔的故事，但大多數反社會者其實和你我一樣過著正常生活，一個重要差別是：反社會者毫不關心任何事或任何人，只關心自己。沒有人確切知道反社會人格究竟如何形成，或我們當中究竟有多少反社會者，各方估計從總人口的 1% 到 4% 不等。這個數字很大，很可能你的工作場所或社交圈中就有反社會者。這種人比較可能為了

個人利益背叛你或你的組織。所以，此事不容小覷，所有你的「人事決定」，從跟誰約會到雇用誰或拔擢誰，都應該將反社會人格的可能性列入考慮。[3]

我不是要嚇唬你，要大家杯弓蛇影的懷疑其他人有反社會傾向，而是強調信任絕非自動產生。我們永遠必須判斷這個人是否值得信任，要知道，我們遭背叛的可能性總是存在。幸好，賽局理論的更深層寓意是，即使在一個完全自私的世界，信任仍然有可能產生。而且，信任可以強有力地改變我們的生活，因為它打開原本對我們關閉的策略機會，使我們能夠創造各式各樣的雙贏結果。

▎自私世界更需要信任

當一名作奸犯科者不容易。你必須時時刻刻提防執法人員，也必須擔心共犯可能背叛你。不像合法世界的商人，大多數犯法的人不能簽有約束力的契約或在法庭上解決爭端。因此，騙子真的能得逞。雪上加霜的是，反社會者在犯罪階層中的比例比在整個社會普遍得多。（根據醫學期刊《刺胳針》〔*The Lancet*〕發表的估計，2002 年有 47％的男性囚犯和 21％的女性囚犯有反社會人格。）[4] 因此，在犯罪世界比守法世界更需要贏得信任，犯罪事業因此面對特有的策略挑戰。但罪犯克服這些障礙的方法頗具啟發作用，在其他不受

圖 16　古柯鹼交易賽局的報酬矩陣

賣方

交貨　◀▶　不交貨

	交貨	不交貨
付錢	次佳 → 最佳 **次佳**	**最差**
不付錢	最差 → 第三佳 **最佳**	**第三佳**

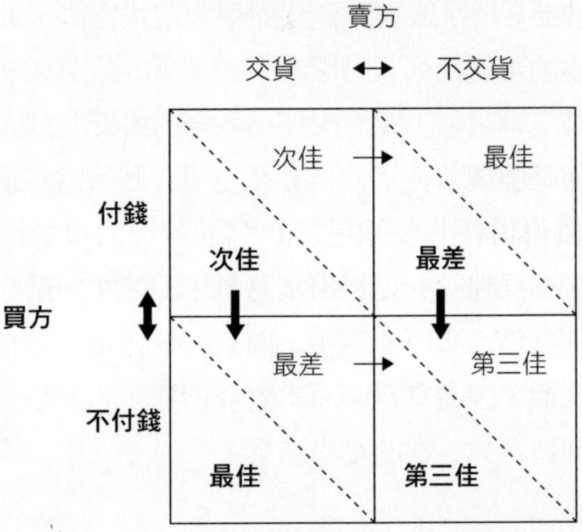

法律支配的領域，從家人到聊辦公室八卦的同事到戀人，都可以使用同樣的方法來加強信任。

考慮兩名罪犯面對的策略問題，他們想做一筆交易，以100 萬美元換 50 公斤古柯鹼，圖 16 顯示這個古柯鹼交易賽局的報酬矩陣。[5] 買方知道，一旦他付了錢，賣方有誘因只拿錢不交貨，然後把毒品賣給別人。的確，不論買方付不付款，賣方的優勢策略都是不交毒品。同樣的，賣方知道一旦交出毒品，買方有誘因只收貨不付錢。的確，不論賣方交不交毒品，買方的優勢策略都是不付錢。但只要買賣雙方都採取他們的優勢策略，交易就泡湯，結果比做成交易還糟。因

此，古柯鹼交易賽局是一個囚徒困境。

真實世界的罪犯做很多交易，因此他們一定有辦法克服這個爾虞我詐的誘因。他們怎麼做？首先很明顯的，罪犯已內化為如第二章和第三章所述的卡特爾化和自我管制，透過締結龐大的聯盟組織，對不守規矩者施以謀殺（或更惡劣的手法）威脅，誘導出「夥伴」間的良好行為。此外，即使最反社會的罪犯也明白，就像在合法的商業世界裡，（1）培養聲譽，被認為是值得信賴的生意夥伴；以及（2）建立有利於回頭生意的關係是有好處的。

只有一方能信任怎麼辦？

如果兩名罪犯都對維護良好聲譽很在乎，因此雙方都可信賴不會欺騙，不難看出他們為何能做成交易。但如果只有一方值得信賴呢？幸好，**對罪犯而言，只要有一方可以信任，就有可能脫離非法交易的囚徒困境，因為該參賽者可以利用他的聲譽做出可靠的承諾**。例如，值得信賴的古柯鹼賣方可以向買方承諾：「你先給我錢，我保證會給你毒品。」

假設你是古柯鹼買方，正在斟酌這個承諾。如果你不付錢，你絕對拿不到毒品。但如果你付了錢，只要賣方信守諾言，你會拿到毒品。而且，只要賣方認為他的聲譽比這筆交易值錢，你就有理由相信賣方言出必行。所以，你其實是在

圖 17 買方在賣方做出承諾後的選擇

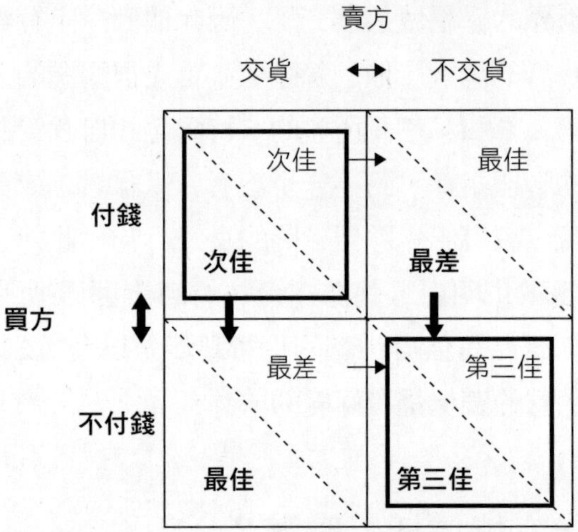

賣方

交貨　⟷　不交貨

「不付錢＋拿不到毒品」或「付錢＋獲得毒品」這兩個結果
中間做選擇，可參考圖 17。面對這個選擇，你會付錢。當
然，身為不法之徒，你很想欺騙賣方，不花一毛錢就拿到毒
品。但賣方的承諾是故意強迫你先採取行動，因此你不可能
欺騙。

任何承諾都有兩個要素，與可觀察性和可信度有關：
1. 後動者能夠觀察和反應另一個參賽者的行動。
2. 後動者能夠可信地承諾它會做的反應。

當然，竅門在如何可信地承諾一個你最想違背的諾言。

建立可信度有很多方法，但最好的方法也最簡單：永遠以最正直的方式做人處事。如此一來，別人就會毫不猶豫地相信你的諾言。

▌信譽的優勢

僅一方需要被信任，這個事實對於安排商業交易（不論合法與否）有重要意涵。的確，只要交易雙方對彼此的可信度有疑慮，就存在一個可以賺錢的利基，讓受信賴的第三方居中協調交易。首先，受信賴的中間人可以提供資訊來降低交易品質的不確定性，並收取費用。例如，車輛保修紀錄可以向買方保證，待售的中古車從未被撞毀、泡水，或依各州的「檸檬法」（譯注：美國的二手車消費者保護法）因瑕疵而退回原廠。一旦不確定性降低，就比較不必說謊，也比較不需要靠信任來完成交易。其次，受信賴的一方可以利用他人的信任來賺取額外利潤。且看車商如何「認證」中古車來減少買方對車子品質的不放心，經過認證的中古車遂能賣到好價錢。

案例：認證中古車

向私人（買中古車）需要信心，相信車主誠實以告車子的歷

史。向中古車經銷商買車需要一種完全不同層次的信任，那就是，相信經銷商知道車子過去的任何事……另一個管道已變成流行的替代方案：向製造商的認證計劃買二手車。

——《人車誌》，2009 年 3 月號[6]

利曼 24 小時耐力賽（24 Hours of Le Mans）或許是賽車運動中最古怪的一個。1923 年起每年舉辦，駕駛要連續 24 小時奔馳在 13.6 公里的巡迴路線上，包括專用車道，以及穿越法國利曼市的常用道路。不像一級方程式賽車（Formula One）比的是空氣動力學和加速能力，像利曼這樣的耐力賽考驗整部車子能否經得起 24 小時操練。可想而知，在比賽初期，耐久性是特別重要的議題，當時汽車製造商仍在摸索如何建造可靠的車子。1920 年代，布加迪（Bugatti）、賓利（Bentley）和愛快羅密歐（Alfa Romeo）三家車廠是利曼賽的常勝軍，但後來一個大膽的新競爭者嶄露頭角：奧斯頓馬丁（Aston Martin）。1928 年，奧斯頓馬丁第一次參加利曼 24 小時耐力賽；到了 1933 年，它已橫掃賽車界，奪下所有同級車冠軍寶座。[7] 難怪奧斯頓馬丁是 007 情報員龐德最愛的座車。

儘管酷到極點，奧斯頓馬丁有一個嚴重缺點：折舊。2011 年 8 月，《大眾機械》（*Popular Mechanics*）雜誌公布〈10 大如股市崩盤的折舊汽車〉（10 Cars That Depreciate

Like a Stock Market Crash），奧斯頓馬丁名列其中。固然這不是科學研究，只是一份最近售價顯著低於原始標價的豪華中古車清單。[8] 但一輛跑了 32,000 英里，原始售價在 16 萬至 20 萬美元間的 2001 年奧斯頓馬丁 DB7 系列優越型 V12 引擎雙門跑車，最近在 eBay 上只賣了 32,100 美元。

為什麼像奧斯頓馬丁這樣的高性能汽車會貶值這麼多？一個明顯原因是，這種車子的價值取決於維護的好壞。不管是誰，捨得割愛一輛這麼帥的車子，通常都曾好好照顧它。為了解決這個問題，2009 年奧斯頓馬丁公司推出中古車認證計劃，叫做「奧斯頓馬丁原廠保證」（Aston Martin Assured），企業發展部主任菲利普・克里曼（Philipp Grosse Kleimann）的說法是：「給予我們的顧客完全和無與倫比的安心和安全。」[9] 2012 年 10 月我看到奧斯頓馬丁網站上列了幾十輛在美國可以買到的認證車，最便宜的一輛是 2007 年優越型 V8 引擎雙門跑車，售價 69,995 美元。[10]

第一個提供中古車認證計劃的廠商是賓士，在 1989 年，其次是保時捷和凌志，分別在 1991 年和 1993 年。中古認證車最初主要是租賃期滿、里程數低的車子，被視為新車的替代方案。《消費者報告》（*Consumer Reports*）的羅伯・簡泰（Rob Gentile）解釋：「這些是兩、三年的新車，開不到 5 萬英里……現在我們有開了 5 到 8 年，跑了超過 6 萬英里的車子（而且大部分廠商都提供中古認證車）。」[11] 確實，

Cars.com 網站估計：「經銷商每年出售 1,700 萬輛中古車，其中 160 萬輛是原廠認證的。」[12]

中古認證車對汽車經銷商和製造商有好處有幾個原因。首先，中古車買家如果對他們的車子滿意，比較可能買同一廠牌的新車。芝加哥車商公會前理事長傑瑞・席澤克（Jerry Cizek）向 Cars.com 表示：「提供中古認證車的一個理由是汽車製造商把你留在品牌家族中的方法。如果他們吸引你買了一輛二手車，而且你滿意的話，當你買新車時，便會買同一個牌子，他們期待的是下次的新車銷售。」

品質經過認證的中古車也可以賣更高的價錢，溢價（800 至 1,300 美元）通常比經銷商花在認證檢查上的費用高很多，這使得經銷商可以從認證車獲利，但這會產生買主為什麼不乾脆自己請修車師傅檢查的問題。中古車拍賣公司 ADESA 的副總裁湯姆・孔圖斯（Tom Kontos）向 Cars.com 解釋：

如果你徹底檢查汽車，或雇請技工幫你檢查，加上延長保固期，你可以創造一輛準認證的車子……對於有能力和時間這麼做的人也許是更好的辦法，還可以省一些錢。

當然不是人人有那種閒工夫。[13]

提供認證計劃也允許經銷商建立只賣優質車的商譽，因

為有問題的車不會獲得認證，買方自然會將缺乏認證書視為低品質的證據，只肯以低價買這種車。這改變經銷商起初收購問題車的誘因，因為他們知道問題車的獲利能力不如其他車子。了解這點，消費者去逛提供認證計劃的經銷商時，可以信任銷售的車都經過更仔細的篩選。

▌贏得信任不嫌遲

信任可以贏得，但假如你過去紀錄不良，不值得信任呢？所幸，改過自新，變成一個值得信任的人永遠不遲。雖說如此，你也必須被信任，而別人是否願意信任你就不是你能決定的。首先，他必須真正相信你已經改變，但以你過去的劣跡，你如何能讓他們相信呢？要知道你是否值得信任，他們首先必須再相信你一次。然而，害怕再度遭到背叛，即使是最親愛的人也可能拒絕再給你一次機會。為了贏得那個機會，你可能必須做某個激烈和出乎意料的事情，來顯示情況真的改變了。

案例：爸爸的甜點困境 *

和很多走投無路的父母一樣，我決定訴諸賄賂。
　　——海蒂·海佛森，《成功》（2010 年）

　　上天賜我三個兒子，但有時候，我的心肝小寶貝有點難搞。尤其在晚餐桌上。我每天晚上端出蔬菜，等孩子吃完蔬菜，再決定是否端出甜點。我希望我的孩子吃到的都是最健康的食物。記住，我的優先考量是讓孩子吃蔬菜，次要目標是不供應甜點。可想而知，孩子和我在這件事上沒有共識。他們的優先考量是吃甜點，次要目標是不吃蔬菜。圖 18 顯示我們最後的得失。

　　注意，孩子有優勢策略不吃蔬菜，而我有優勢策略不上甜點。不過，我們都寧可選擇蔬菜加甜點的結果，而不是我們都採取優勢策略的結果（不吃蔬菜也不吃甜點），因此這個賽局是囚徒困境。

　　我們如何脫離這個囚徒困境？大多數父母憑直覺就知道答案，不管他們懂不懂賽局理論。為了讓孩子吃蔬菜，我只需要做出承諾：「如果你們吃蔬菜，我保證給你們甜點。」只要孩子相信這個承諾，他們的選擇就只剩下：（1）吃蔬菜

---

* 這是虛構的故事，假設我是單親爸爸可能參與的賽局。事實上，我太太早就解決這個難題了，她找到方法培養我們的孩子對蔬菜的愛好，現在我們家最喜歡的食物是蘆筍、朝鮮薊、綠花椰菜和烤花菜。

圖 18　爸爸的甜點困境的報酬矩陣

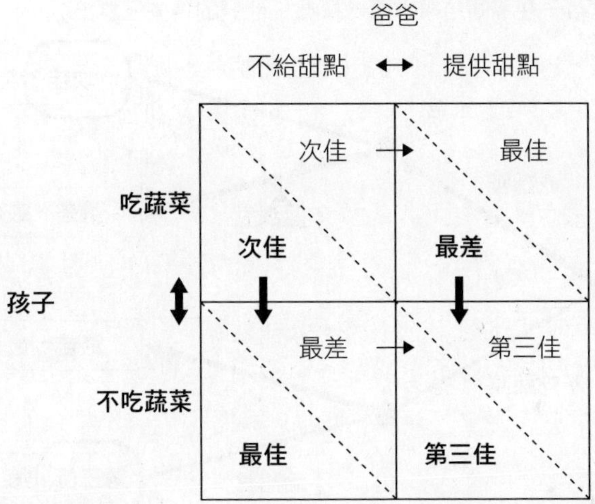

爸爸

不給甜點　◄►　提供甜點

| | | 次佳　→ | 最佳 |

吃蔬菜

次佳　　**最差**

孩子

↕

最差　→　第三佳

不吃蔬菜

最佳　　**第三佳**

和獲得甜點或（2）不吃蔬菜和得不到甜點。既然獲得甜點是他們的優先考量，他們會吃蔬菜，而這也會讓我很高興。圖19反映我做出承諾後，一旦孩子吃完蔬菜，我不上甜點的選項就被劃掉了。但為了讓這個辦法奏效，孩子必須相信我會實現諾言。

　　身為賽局理論家，我從孩子出生那一天開始就培養他們對我的信任。我們甚至有一句密語（「以你的榮譽擔保，爸爸？」），孩子可以用來查核我是否說實話。在我們共同生活的歲月裡，我永遠不會在孩子面前喪失這個「榮譽」，因為我了解，要改變賽局達到更好結果，信任很重要。但如果

圖 19 爸爸承諾吃完蔬菜有甜點下的甜點困境
（孩子在不同結果之間做抉擇，他們的得失已標出）

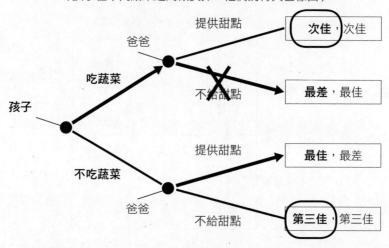

我尚未贏得孩子的信任怎麼辦？假如，我已經教會他們不要信任我，因為我經常騙他們做我要他們做的事呢？

　　遺憾的是，若缺乏穩固的信任，任何承諾都一文不值。理由何在？假設我有不值得信任的記錄，但我已決定改過向善，真心承諾只要孩子吃蔬菜就給他們甜點。孩子聽到這個承諾，也知道吃完蔬菜我會有誘因背信食言，不給甜點。因為有這樣的預期，孩子甚至可能永遠不給我「僅僅一次機會」來證明我會履行承諾。只要我不能證明我言而有信，他們永遠不會建立足夠信任來給我機會。

　　我唯一贏得他們信任的希望是，做某件事來改變他們認

為我不值得信任的堅定看法。好在建立信任有很多方法，即使在信用已經破產的關係中。舉例來說，我可以召開家庭會議，發表以下小小演說：

各位，我們要做一些改變才會讓我們更快樂健康。過去我從來不給你們甜點，不管你們怎麼做，但現在我願意讓你們吃甜點，如果你們肯吃蔬菜的話。我知道你們不相信我，因為那一次我說我會給，結果卻反悔不給。但這一次不同，為了證明給你們看，我要讓你們「免費」吃一整個星期的甜點。如果我只是想騙你們吃蔬菜，我絕對不會這麼做。所以當我說從下星期開始，我保證只要你們吃蔬菜我就上甜點，你們可以信任我。我會遵守諾言，每一次都如此，讓我告訴你們為什麼。因為我是你們的爸爸。我需要你們信任我，不只在甜點上，而且在每一件事情上。

第六章
培養關係，促成合作

商業道德的強大執行者是持續的關係，你必須再度與這位顧客或這位供應商做生意的信念。
　　——馬丁‧梅爾《銀行家》

　　就在你準備開車橫越美國，搬到新家前幾星期，你的車子開始鬧彆扭。你把車子開到本地修車廠，解釋狀況時，你說溜了嘴，透露你將永遠離開此地。之後，在等候修車師傅完成檢查工作之際，一個不安的念頭浮上心頭。告訴他要搬家對嗎？畢竟現在修車師傅知道，不管他做得有多好，都得不到你的回頭生意或正面口碑。他會不會向你要更多錢？或甚至更糟，不仔細檢查和修理你的車子？

　　耶魯大學經濟所博士生亨利‧史奈德（Henry Schneider）想出一個聰明的辦法來找出這個問題的答案。[1] 他仿效加拿大消費者保護團體「汽車保護協會」設計的臥底調查方法，在 2005 年暑假開著他的 1992 年速霸陸 Legacy L 型旅行車，以相同扮相和車況，造訪紐海文（New Haven）地區 40 家不同的修車廠。唯一的差別是：在其中一半的修車廠，史奈德宣稱他要從康乃迪克州搬到芝加哥，在另一半的修車廠則宣稱要開車往返加拿大蒙特婁（去芝加哥的單程

距離和去蒙特婁的雙程距離差不多）。在每家修車廠，史奈德請師傅做徹底檢查，並記下他們的修護建議。然後，史奈德以「考慮一下」的託詞開溜，去下一家修車廠重複這整個過程。

　　一根鬆脫的電瓶纜線造成間歇性電池失靈是每家修車廠明顯看到必須處理的項目。但車子還有更嚴重的問題：（1）冷卻水過低，必須處理以免引擎過熱；（2）缺一盞尾燈；（3）火星塞的高壓線（spark plug wire）磨損，包括一條線沒有好好塞進引擎缸體，導致灰砂和雨水滲入及腐蝕汽缸蓋；及（4）一支排氣管在駕駛座下滲漏，使廢氣從打開的車窗飄進車內。

　　整體而言，修車師傅表現普通。40 名師傅中只有 4 個人發現 3 個以上的問題。只有 5 位師傅發現缺少尾燈的問題，11 位師傅發現冷卻水過低（從引擎艙一望即知）。但「好消息」是，不論史奈德是否宣稱他要搬家，修車師傅診斷出同樣數目的毛病，並推薦同樣數目的非必要修理。

　　壞消息是，當史奈德說他將永久離開時，他們索取的檢查費（59.75 美元）平均遠高於說會回來時（37.70 美元）。由於史奈德對各家師傅隨機決定說其中一個版本的故事，並確保其他條件完全相同（甚至，他總是拿著卡其褲和 polo 衫），價格差異必然是聽到搬家訊息引發的綜合影響。

　　有人看到這裡可能會立刻下結論說師傅肯定是壞人，對

即將搬家的顧客敲竹槓。事實上，最自然的詮釋比這結論良善多了：修車師傅給予以後可能回來做更多生意的顧客折扣。確實，在修車這行，檢查汽車服務很可能是為了招徠顧客而做的蝕本生意，師傅投資時間來認識你和你的車子。如果你將搬家，他可能自然覺得，索取更符合真實成本的檢查費是公平的。（上述「修車師傅不是壞人」的詮釋獲得史奈德報告的支持，他發現不論他是否宣稱要搬家，他們都建議相同數目的修理工作，並索取相同的修理費。）因此這個故事說的是商譽和重複生意如何誘導修車師傅索取過低的檢查費用。

很多行業依賴回頭客，修車師傅、牙醫和餐館是常見的幾個例子。重複互動的前景是一個強大的誘因，促使參賽者付出額外努力並以各種方式合作。儘管如此，重複互動仍不足以誘導合作。理由在哪？設想在一個重複性的囚徒困境，同樣兩名參賽者進行多次囚徒困境賽局，並關心他們在關係延續期間的總得失。只要另一個參賽者總是認罪，你的最佳反應也總是認罪。基於這個理由，人人總是認罪是重複性囚徒困境的均衡結果，在一次性的囚徒困境也是如此。

不能互助似乎是壞消息，但有些關係要維持目前的合作，需要的是未來關係可能破裂的威脅。重複性囚徒困境尤其如此，參賽者互相欺騙的誘因必須不斷被抑制。確實，為了讓重複性囚徒困境的參賽者合作，任何欺騙行為必然引發

一段「懲罰期」，期間合作終止。這種暫時的關係破裂令雙方都痛苦，包括被騙的「受害人」，但它是誘導良好行為的必要手段。

萬一欺騙的誘惑實在太大，任何可信的懲罰都嚇阻不了呢？在此情形下，參賽者仍然可用減少賭注來維持合作關係。例如，考慮第五章討論的古柯鹼交易賽局，兩名罪犯企圖進行一場毒品交易，假設某天來了一批特別大量的古柯鹼，這批貨牽涉的金錢風險太大，以致買賣雙方都不敢輕信對方的交易承諾，一次完成交易。幸好解決的辦法很簡單：把這批貨拆成幾批數量較小的貨就行了。只要每次的交易量夠小，沒有人願意為了騙一次貨而毀了其餘交易。

單次交易的信譽

假如你只與某個人互動一次，但需要對方的信任才能完成交易，該怎麼辦？幸運的是，只要有辦法讓別人查核你過去的交易記錄，依然可以獲得重複生意的一切策略利益。例如，線上市場 eBay 推出「信用指數」來幫忙解決網路交易匿名性和非重複生意的問題。信用指數的設計是將匿名的 eBay 交易變成（一些）可觀察的交易情況，其他人可以據此判斷是否要與某個人做生意。因此，賣方知道他們對待每一位顧客將不只影響這位顧客會不會回頭做重複生意，還影

響其他人會不會選擇他們。以此方式，eBay 的信用指數利用關係的力量，為網路交易創造相對安全的環境。*

▌中斷有害的合作

有時一個團體的合作可以傷害社會整體。例如，企業共謀起來聯合漲價，圖利自己卻傷害消費者。反托拉斯主管機關阻止這種有害的合作，不但積極抓共謀者，而且改變賽局來破壞共謀企業躲避偵查的能力。

在所有反托拉斯武器中，最厲害的改變賽局利器是放過一些有罪的公司。1978 年，美國司法部首度實施史無前例的企業寬恕計劃（Corporate Leniency Program），給予承認非法共謀的第一家公司特赦資格。但接下來 15 年，司法部不曾因為有企業申請特赦，破獲國內外重大的卡特爾行為，問題出在司法部對於是否給予認罪的公司特赦保留起訴裁量權。面對認罪之後仍可能被起訴的風險，公司僅在相當確定其他公司也很可能認罪的情形下，才有誘因去認罪。但因為人人害怕認罪，無人需要擔心，這個賽局自然的均衡結果是所有卡特爾成員都三緘其口。

---

* eBay 下了很多功夫打造一個值得信任的交易平台，但仍有改善空間。見扭轉情勢的賽局贏家案例 5：拉抬 eBay 信譽的方法。

　　這一切在 1993 年改變了，司法部修訂企業寬恕計劃，不論罪行的嚴重程度，保證給予第一家認罪的公司完全特赦。這項保證使立即認罪成為公司唯一的零風險策略，防洪閘門一下子打開了。司法部反托拉斯司刑事組副助理檢察長史考特‧韓蒙德（Scott Hammond）解釋寬恕計劃對卡特爾偵查和反托拉斯執法的戲劇性效果：

寬恕計劃出現後，讓各國執法機構發現、調查和嚇阻卡特爾的方法完全改變。卡特爾本質上是祕密的，因此很難發現。寬恕計劃提供執法者一個調查工具，去偵破原本可能永遠躲過司法耳目和繼續傷害消費者的卡特爾。雖然讓惡性重大的卡特爾參賽者逃過法律制裁的概念一開始讓很多檢察官不服，但反托拉斯司明白，為了誘導卡特爾參賽者互相背叛和自首，完全赦免是必要的。（結果，）在美國，自 1996 財政年度以來，公司因反托拉斯罪而被罰款的總額已超過 50 億美元，其中 9 成以上與寬恕計劃第一個認罪公司的協助辦案有關。[2]

　　企業寬恕計劃的優點，在於它能從卡特爾成員之間對於卡特爾穩定性的細微疑心，觸發如雪崩一般的認罪潮。為了躲避偵查，卡特爾成員之間維持盡可能少的溝通，但這種音訊全無的寂靜會製造誤解的空間，誤解可以發展成憂慮，甚

至產生全面的恐慌。例如，設想一群來自不同公司負責訂價的中階主管所組成卡特爾，不僅瞞過反托拉斯主管機關，也隱瞞他們的老闆（老闆禁止一切非法活動）。

假設其中一家公司決定訂出低於卡特爾協議的價格。也許那家公司的訂價主管變得有一點貪心，反正只會在下次卡特爾會議被痛罵一頓就行了。或更令人擔心的，也許他被老闆發現，命令他停止操縱價格。類似這樣的發展可能引起卡特爾的崩解，但若沒有企業寬恕計劃，卡特爾成員仍無理由擔心被反托拉斯主管機關逮到。畢竟，發現卡特爾活動的公司有一切誘因對員工犯法的事保持緘默。然而，公司寬恕計劃一出爐，發現員工做錯事的公司便有強烈誘因去認罪，以爭取特赦。[3] 了解到這點，其他卡特爾成員可能也做出同樣的結論，他們唯一的希望是自己認罪，而且要搶頭香，這形成名副其實的大驚逃，大家蜂擁奔向司法部。[4]

因為疑心而破壞合作的概念適用範圍很廣，而且不限於卡特爾和反托拉斯執法。的確，任何交易關係的黏合劑就是「你必須再度與這位顧客或供應商做生意的信念」，若拿掉這個信念，或降低這件事的確定性，就會令成功關係所需的信任被減低。

案例：黑幫的緘默守則

祕密會社是美國生活結構的一部分，咸信美國歷史上有 14 位總統（從華盛頓到福特）都是共濟會（Freemasonry）的正式會員，共濟會是一個兄弟會組織，用特殊符號、祕密握手和通關密語保護聚會的隱密性。2004 年總統選舉的兩黨候選人（布希及凱瑞）則是同一個祕密的大學兄弟會（耶魯骷髏會，Skull and Bones）成員。

這類會社在外人眼中也許古怪，但它們擁有顯著的經濟影響力。由於他們的特殊凝聚力，這種團體的成員自動有如親戚般，真心想幫助彼此。這允許他們互相信任和推薦，並一起做生意，即使他們本身並不熟稔。當然，共濟會和骷髏會之類的兄弟會組織並非真正祕密組織，它們也不想保密。

美國還有另一種祕密會社，遠比其他會社重要和普遍，保密對他們來說絕對必要。它們如家庭般緊密結合，這種會社只准許最成功的企業家加入，舉行古老的入會儀式，包括歃血為盟、焚祭聖像及宣讀以生命擔保的莊嚴誓言。在特別有利可圖的情形下，會員偶爾會與非會員做點生意，但所有核心營運都在內部進行與協調。

1890 年代這個會社首先在紐約市扎根，由於成員的忠誠和緊密合作而成長茁壯，終於在 1920 年代開花結果，成為一個強大的全美（甚至國際）組織。但直到 1940 年代後

期，多數美國人甚至懷疑它的存在。這些人是誰？他們自稱「講義氣的人」（men of honor），但我們稱之為幫派成員，管他們的組織叫美國黑手黨，或 Cosa Nosta（義大利語指「我們的事業」）。

當新成員加入（或「被迫加入」）黑手黨時，他宣誓要遵守種種幫規，如「絕不與外人討論幫派事務」、「除非老大批准，絕不殺另一名成員」、「絕不與其他成員的妻子通姦」等等。但最最重要的幫規則是緘默守則（omertà），對執法者絕對沉默和不合作。任何成員違反這條守則會遭到酷刑甚至處死。不僅如此，組織可能派他最好的朋友幹這件髒活，目的在發出幫派至上的強大警告和信號。

緘默守則是非常有效的盾牌，可以有效抵擋執法人員誘導圈內人背叛組織和密告。畢竟，如果你相信認罪會惹來殺身之禍，囚徒困境就算不上什麼困境。果不其然，儘管1950 年代舉行無數次聽證會，仍沒有一個成員站出來承認黑手黨的存在，直到 1963 年，吉諾維斯（Genovese）家族一名低階嘍囉約瑟夫・瓦拉奇（Joseph Valachi）作證組織的運作細節。瓦拉奇因謀殺同監服刑的囚犯而面臨死刑，他相信被害人是吉諾維斯老大派來暗殺他的。既然與黑手黨的一切關係都斷了，瓦拉奇唯一的存活希望是合作和作證，後來他在牢裡平安度過餘生。

瓦拉奇的證詞對黑手黨是一記沉重打擊，因為政客和司

法機關面對強大壓力，必須終結黑手黨的運作。[5] 美國國會在 1970 年做出回應，通過「反勒索和貪腐組織法」（Racketeer Influenced and Corrupt Organizations Act），將加入犯罪組織列入必須懲處的罪行。同年，國會授權成立證人保護計劃（Witness Protection Program），作為組織犯罪控制法的一部分，保證任何聯邦證人及其家屬的安全和祕密遷移。「反勒索和貪腐組織法」允許執法者逮捕任何已知的黑手黨成員，證人保護計劃則能使黑手黨懲罰背叛者的威脅失效。我們也許因此期待告密者如洪水般湧至，讓整個黑手黨網絡全面瓦解，不過事與願違。

至今，有幾十名黑手黨分子被關進牢裡，但二十多年來，沒有一個大咖受到證人保護計劃的誘惑。顯然，對這些黑幫老大來說，忠於黑手黨家族的持續利益比避免牢獄之災重要。[6] 即使如此，「反勒索和貪腐組織法」逮捕行動還是造成干擾，迫使黑手黨加速晉升新老大和招募新小弟，或許因此讓黑手黨更不謹慎。不難想像，這種內部騷動會如何動搖組織，甚至消蝕掉一些黑幫分子對組織的忠誠度。不論最後原因為何，執法機構終於在 1991 年獲得重大突破，甘比諾（Gambino）家族的二把手，綽號「公牛山米」的薩爾瓦托·葛拉凡諾（Salvatore "Sammy the Bull" Gravano）背叛組織，作證舉發他的老大約翰·高蒂（John Gotti）。

高蒂和之前的老大不同，他愛出風頭，喜歡上媒體。[7]

這令許多下屬不滿，他們不喜歡隨著媒體關注而來的額外
「熱度」。高蒂和葛拉凡諾被捕後，聯邦調查局播放高蒂批
評葛拉凡諾「在家族中搞小家庭」，以及質疑為何葛拉凡諾
的搭檔最後一一死亡的祕密錄音給葛拉凡諾聽。錄音帶造成
了信任瓦解，產生聯邦調查局需要的心防缺口，1991 年 11
月，葛拉凡諾變成政府證人。葛拉凡諾的背叛打開了防水
閘，各地黑幫角頭開始對緘默守則喪失信心，選擇作證。

　　反諷的是，葛拉凡諾最後被自己所創造的「告密」文化
整垮。1995 年離開證人保護計劃後，他甚至公開嘲笑紐約
黑手黨：「他們派一隊殺手下來，我會宰了他們……即使他
們殺了我，仍會有一堆屍袋運回紐約。」他建立了一個非法
交易搖頭丸的幫派，每星期進帳逾 50 萬美元。但幫內的線
民最後終於協助當局判處葛拉凡諾 20 年徒刑。他目前還關
在聯邦監獄，根據也在服刑的黑幫分子透露，他只在吃飯時
才敢踏出牢房一步。[8]

▍促成合作的雙支柱

　　美國黑手黨花了這麼長的時間才裂解，因為它受到兩股
力量支持，我稱之為促成合作的雙支柱：

　　1. 內心渴望合作，尤其如果其他人合作的話。

2. 懲罰不合作者的力量。

參賽者能夠靠其中一根支柱撐起一個合作關係。例如，在「真愛」關係中，任何一方都不能想像傷害對方。這對戀人也許缺乏懲罰的力量，但沒關係，因為雙方都想合作。另一方面，在重複性囚徒困境中，所有參賽者內心都沒有渴望合作，但各自皆能以不再合作來有效承諾「懲罰」不合作者。

「內心渴望」勝過「懲罰力量」

「內心渴望」和「懲罰力量」兩根支柱都能支撐合作，但「內心渴望」是合作關係最穩固的基礎。當參賽者受內心驅使而合作時，不論他們認為關係會維持多久都無所謂。但**當合作僅靠懲罰的威脅支撐時，每個參賽者也必須相信（並相信合作夥伴也相信）關係很可能維持很久。**為什麼？假設我相信，不管我們怎麼做，我們的關係很可能很快結束；那麼，我就有背叛你的誘因，因為我知道，一旦我們分道揚鑣，你就無法懲罰我。這是第一個黑手黨告密者約瑟夫‧瓦拉奇在判斷吉諾維斯家族企圖殺他之後發生的情形。更微妙地，如果我認為你相信我們的關係即將結束，我就有誘因先發制人背叛你，以免我遭到背叛。這是聯邦調查局說服葛拉凡諾，高蒂打算背叛他之後所發生的情形。

　　黑手黨的共謀花了幾十年才裂解，因為它受到合作的雙支柱保護。反之，純粹依賴懲罰威脅的共謀協議更容易瓦解。因此，想有效打擊共謀，必須改變心態，對促成共謀的主要策略因素集中火力攻擊，而非攻擊共謀的表象。例如，醫界長久以來用傳統療法對付生物膜（biofilms）（共謀的細菌群落），效果不彰。然而，一旦醫界從賽局理論觀點去看生物膜問題，就可以找到一個新奇和充滿希望的「木馬屠城」方法，去打敗這些難以攻克的疾病。

案例：打敗生物膜

　　藉由共同努力，蟲子（細菌、酵母、藻類、黴菌等）可以做它們無法獨力完成的事……有時候是採取合作、公益精神的方式。其他時候新來者只是占便宜，利用、踐踏和摧毀先來的殖民者。

　　　　——皇家醫學會會員詹姆斯·費禮醫師

　　每當刷牙或以牙線潔牙時，你正在破壞這個世界的一種合作奇蹟：牙菌斑。牙菌斑及其他所謂的生物膜是一種細菌聚落，細菌藉由貢獻自身資源來建立母體，團結在一起。生物膜對抗生素有高度抗藥性，這是重大公共衛生問題。[9] 所幸，科學家最近發現一種新而有效的策略，可以「暗中破壞」生物膜。概念是將「騙子細菌」導入生物膜，這種細菌

的基因被設計成白吃白喝者，不對公共利益做出貢獻。[10]一旦讓這些不勞而獲者進入菌落裡安家落戶，抗生素就暫停投藥。在不治療和自由繁殖下，所有細菌數目增加，生物膜隨之擴大。然而，不勞而獲者生長得比其他細菌快，因為它們將自己的全部資源用在繁殖。[11] 要不了多久，不勞而獲者就占領菌落，生物膜開始因為維護不善而瓦解；生物膜就難以抵禦抗生素，此時再投藥，就能把整個菌落連根拔除。

▍以牙還牙策略

我從不期待在電腦遊戲中發現智慧或人類未來希望，但在這裡，在艾克塞洛德的書中，我發現了。你一定要讀它。

——路易斯・湯瑪士為羅伯・艾克塞洛德《合作的演化》撰寫的書評

1970 年代末期，政治學者羅伯・艾克塞洛德（Robert Axelrod）想知道，賽局理論家本身會如何進行重複性的囚徒困境。於是，他宣布一場不尋常的「錦標賽」，邀請全球最重要的賽局理論家參加。有 14 人接受挑戰，每人都提出電腦程式來參賽。（圖 20 顯示每一回合的得失，策略標示為「合作」和「背叛」。每位參賽者的目標是將他們多回合後的總報酬極大化。）[12] 一如我們所想像，多數參賽者基於他們的研究經驗，提出非常複雜的應對策略；然而，贏家卻是

圖 20　囚徒困境（每回合）的報酬矩陣

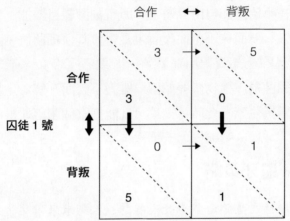

所有策略中最簡單的一個，叫做以牙還牙（Tit-for-Tat，TFT）。

　　首次錦標賽引起轟動，全世界的賽局理論家聽說以牙還牙策略成功之後，艾克塞洛德又宣布第二次錦標賽，規則和第一次一模一樣。這一回，有 62 位賽局理論家加入戰局。猜猜結果如何？即使對抗「進化版」的競爭者，以牙還牙策略仍再度獲勝！

Tit fit-tat

迅速信任、迅速懲罰及迅速寬恕

以牙還牙策略由兩個簡單規則所界定：

1. 第一回合合作。
2. 第二回合之後禮尚往來；亦即，看另一個參賽者在上
   個回合怎麼做，照著做。

以牙還牙策略綜合三項主要特點，而每一項對它的成功
都不可或缺。

首先，以牙還牙的特點是迅速信任，因為它在第一回合
選擇合作。為什麼一開始就信任另一個參賽者是必要的？考
慮另一個比較老練的招數，例如等另一個參賽者證明他值得
信任，再與他合作。相較於以牙還牙，這種策略有避免短期
痛苦的優點，不至於在第一回合就遭到對方背叛；但萬一對
方選擇合作，這種策略的缺點是使對方再也不願意信任你，
這可能折損從合作關係中獲得長期報酬的任何希望。只要這
個長期收穫大於被騙一次的短期痛苦，那姑且相信對方至少
一次就是聰明的作法。

其次，以牙還牙的特點是迅速懲罰，一旦遭到背叛，就
在下一回合以背叛回報。懲罰的威脅顯然必要，因為它誘導
另一個參賽者選擇合作。

最後，以牙還牙的特點是迅速寬恕，只要另一個參賽者

在某回合合作，它就「予以補償」和恢復合作。而「記恨」策略是搬石頭砸自己的腳，因為它拒絕修復關係和改過自新的可能性。確實，要誘導良好行為，你的懲罰只要長到足以讓另一方蒙受的損失大於他們先前從欺騙你獲得的利益就夠了。[13] 以此方式，以牙還牙告誡另一個參賽者：騙子絕不會得逞；但當對方一學到教訓，就立刻寬恕。

▎合作的演化

讓我們想像，以牙還牙如何在一個社群中充分確立，變成「策略標準」。儘管大多數人採用以牙還牙策略，總有些人反其道而行，採取其他策略。如果採用這些「突變」策略的人比那些遵守標準的人成功，突變策略傾向於逐漸成長，被愈來愈多人模仿，直到它變成新的標準。我們可否期待以牙還牙成為一個穩定的標準，抵抗這類競爭？或是以牙還牙在社群的盛行可能只是曇花一現？好消息是，事實上，在一個充滿採用以牙還牙策略參賽者的社群裡，以牙還牙策略的表現比其他策略好。[14] 因此，一旦以牙還牙策略在社群裡確立，即成為穩定的策略標準。

穩定很好，但一個社群如何讓以牙還牙策略普及為策略標準？幸好有個自然機制，能讓以牙還牙策略成功打敗並取代其他比較不合作的策略。在《合作的演化》（*The*

Evolution of Cooperation）書中，艾克塞洛德以生動的例子，示範商學院教育如何可能成為這種改變的催化劑，他解釋這個機制：

小氣鬼的世界可以被一群採取牙還牙策略的參賽者攻占，而且相當容易。要說明這一點，可以假設一位商學院教師教一班學生在他們加入的公司開始採取合作行為，並以合作回報來自其他公司的合作。如果學生真的這麼做了，而且他們不是分散太廣的話（他們的互動對象有相當比例是同班同學），則學生會發現他們的學習成果將相當豐碩。

此處值得注意的是群體（cluster）在合作演化的中心位置。緊密結合群體的人最能從改採以牙還牙之類的策略獲益，因為與他們互動的多是同一個群體的夥伴。一旦某個群體改採以牙還牙策略，故事就會繼續。只要參賽者屬於數個群體（這在社會網絡很常見），一個採取以牙還牙策略的群體會自動擴散到其他群體，使之也轉向採取以牙還牙策略，如此傳播下去，直到「所有有頭有臉的人」都服膺以牙還牙策略，大家都享受合作的成果。[15]

很容易看出，為什麼為《合作的演化》撰寫書評的路易斯‧湯瑪士（Lewis Thomas）能夠在以牙還牙中發現「智慧」和「人類未來希望」。如馬丁路德‧金恩牧師

（Reverend King）所言，趨向合作的演化進程不但意味「歷史的弧線」確實彎向正義，而且邁向繁榮與和平。如果策略演化能自動和非刻意地做到這一點，那麼，應該想想，如果我們下決心去做的話，人能夠做到什麼。

再想想艾克塞洛德所舉的商學院學生從教授學到以牙還牙的例子。如果這些學生彼此間有足夠的互動，對他們來說，對所有人施展以牙還牙策略的結果好過於總是背叛每個人。但萬一他們畢業後分散四處，很少互動呢？他們仍然可以利用以牙還牙策略，但為了幫助他們這麼做，教授需要微調一下教學內容：

1. 觀察誰也知道以牙還牙策略。
2. 教策略網絡中的其他人以牙還牙的優點。
3. 只在你信任會採取以牙還牙策略的人身上採用以牙還牙策略。

任何人遵行這個計劃，會自動超越世上的背叛者，而且隨著策略網絡中更多人採取同樣的策略而超越更多。這是為什麼教你周遭的人跟你一樣迅速信任、迅速懲罰和迅速寬恕如此必要的原因。你愈能散播這個策略就會愈成功；你愈成功，就會有愈多人來取經，使你能教導更多人變得更成功。

因此，只要一個賽局改變者就足以播種和改變整個組

織，使之變成一個更有效能、更快樂和整體而言更美好的地
方。誠如老子在 2,500 年前的名著所言，一個人足以改變全
世界：

修之於身，其德乃真
修之於家，其德乃餘
修之於鄉，其德乃長
修之於國，其德乃豐
修之於天下，其德乃普
故以身觀身，以家觀家
以國觀國，以天下觀天下
吾何以知天下之然哉，以此。

結論
如何脫離囚徒困境

　　進入第二部之前，讓我們暫停一下，回顧第一部討論的各種脫離囚徒困境的途徑。圖 21 的流程圖總結可供參賽者選擇的逃生路徑，依局勢的詳細狀況而定。

　　第一，參賽者有沒有能力改變他們的得失，不論自己直接改變，或透過第三方的干預間接改變？如果有，顯然他們可以改變得失，使賽局不再是囚徒困境。例如，大學成立全美大學體育協會制定新的規則以消除足球場上使用極端暴力的誘因，見第二章。

　　第二，參賽者有沒有能力合併或成立「卡特爾」？如果有，明顯他們能透過合併來照顧集體利益。例如，鐵絲網業的四大巨頭合併成立美國鋼鐵與鐵絲網公司。見第三章。

　　第三，賽局有沒有動態行動？（如果一個賽局即時發生，而且每個參賽者都能觀察到，並對彼此的行動變化做出迅速反應，這個賽局就有動態行動。）如果有，則共同的威脅報復就足以脫離囚徒困境。例如，先前討論的動態訂價賽局（本例將在扭轉情勢的賽局贏家案例 1 中再談），航空公司藉由相互威脅會對任何折價立刻跟進，來維持高訂價。見第四章。

圖 21　囚徒困境「逃生路徑」整理

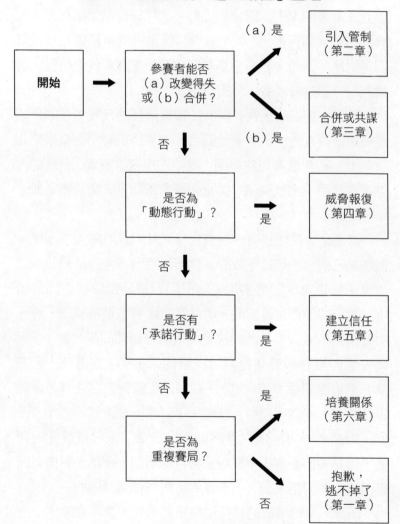

　　第四，賽局有沒有承諾行動？（如果參賽者依序行動，而且後動者能事先承諾會對先行者的任何行動做出反應，此賽局即有承諾行動。）如果有，則後動者的承諾就足以脫離囚徒困境。例如，我藉由承諾只要孩子吃蔬菜就上甜點，讓他們吃一頓營養晚餐。見第五章。

　　第五，是否為重複賽局？（如果同樣的參賽者在關係的脈絡中重複互動，或更廣泛而言，如果目前賽局的結果能在策略上連結其他賽局的結果，就是「重複」賽局。）例如，黑手黨利用「家族關係」防止向警方認罪，成功防禦了幾十年。見第六章。

　　當五個條件中任何一個成立時，就可以脫離囚徒困境。但如果五個條件統統不成立，就無法脫困了。而這般的無望情境，就是典型囚徒困境，兩個囚犯被分別關在不同的囚室，然後問他們是否認罪。這個賽局顯然不是重複的，而且由於囚犯不能觀察彼此的決定，這個賽局屬同步行動。[1] 因此，他們沒有威脅報復能力（第四章）、建立信任（第五章）或培養關係（第六章）。如果囚犯能夠賄賂法官並藉此影響判決，或許可能引入管制（第二章）來改變得失。若不能，則顯然不可能成立卡特爾（第三章）來合併彼此的利益，因為他們必須在牢裡服完各自的刑期。所以，對典型囚徒困境中的囚犯來說，這五條逃生路徑都是關閉的。

　　所幸，無路可逃的無望情境多屬例外，並非常態。

PART 2

扭轉情勢的
賽局贏家

本書的中心主旨是幫助你培養賽局意識，掌握改變賽局的方法，協助你辨別任何策略困境的本質，並找到方法改變賽局以取得優勢。當然，實踐才是檢驗真理的唯一標準。證據就在第二部扭轉情勢的賽局贏家中。

開始寫本書時，我並未把深入應用規劃為內容的一部分。但當我從商業世界到微生物世界四處尋找有趣的例子時，遇到一些令人著迷、重要和顯然尚未解決的策略挑戰，讓我忍不住一頭栽進去。整理幾個月之後，終於列出這些賽局改變贏家案例：

1. **比價網站的便宜陷阱**：我們如何幫助確保線上競爭，維持低價？
2. **鱈魚的滅絕危機**：我們如何避免漁業管理發生災難性的管制失靈？
3. **房仲的「專業」建議**：我們如何進行房地產銷售改

革，為買賣雙方提供更好的服務？

4. **壅塞的急診室困境**：我們如何減輕尋求麻醉劑的藥癮者加諸於急診室的負擔？

5. **拉抬 eBay 信譽的方法**：我們如何增加 eBay 買家和賣家的信任？

6. **抗藥性大鬥法**：我們如何逆轉抗生素抗藥性這個恐怖的全球趨勢？如果置之不理，可能使我們對肺結核之類的可怕疾病毫無防禦能力？

　　以上每一個策略的挑戰都是獨特的，但要了解問題的癥結，必須對策略生態系統有整體觀念。一旦獲致這種「賽局意識」，就可以運用第一部討論的賽局改變原則，凝聚和發揮個人的創造力和特定知識，去辨別實際解決方案。這是我在這些扭轉情勢的賽局贏家中所做的。一旦精通本書所傳授的方法，人人都能做到。（McAdamsGameChanger.com 有賽局贏家的更新資料及更多資訊，歡迎上網瀏覽。）

案例 1
比價網站的便宜陷阱

在經濟艱困時代，對你想買的任何東西查出最好價格，可以
真正省錢。
——*SmartMoney*, October 10, 2008

千千萬萬美國人已發現智慧型手機應用程式（apps）如
Amazon Price Check，及比價網站如 PriceGrabber.com 的力
量。如今去實體商店買東西之前，你可以輕易調查是否可以
用更便宜的價格在網路上買到。這現象甚至有一個名稱，叫
做「把零售店當樣品室」（showrooming）。這反映的現實
是，實體商店提供一個便利途徑，讓消費者觀看和檢查最後
用最低可能價格買到網購商品。

「先逛商店、後網購」對一些零售商是個致命的危險，
網路商店如亞馬遜不需要維持昂貴店面，因此通常能為最熱
門的產品提供更低廉的價格。[1] 但不論線上比價購物模式對
大零售商如 Target，或家庭經營的小店鋪傷害多大（其中一
些認為亞馬遜的查價 app「有點邪惡」），[2] 消費者似乎明顯
因為能夠比價而獲利。但實際是否如此並不確定，因為廠商
訂價方式會隨著比價網站逐漸滲透購物經驗而改變。

在一些市場，有可信的證據顯示，線上比價購物已經導

致廠商降價。例如經濟學者傑弗瑞‧布朗（Jeffrey Brown）
和奧斯坦‧谷斯比（Austan Goolsbee）調查 1990 年代線上
比價購物對人壽保險的影響。[3] 他們發現，隨著網路使用普
及，能夠上網選購的保單比不能夠上網選購的保單價格下跌
8％到 15％。（壽險價格取決於被保險人的健康特性，如年
齡和吸菸史。主要線上比價網站只提供最普遍的健康特性組
合保單。）基於這項分析，布朗和谷斯比推斷，網路比價購
物每年至少替消費者節省 1 億 1,500 萬美元。

▍航空價目發行公司

在其他市場，有證據顯示，企業利用比價網站作為漲價
的手段。最著名的例子是幾家大型航空公司共同擁有的航空
價目表發行公司（Airline Tariff Publishing Company，
ATPCO）。ATPCO 在美國是最新票價資訊的權威提供者，
該公司的自我描述是「航空及旅遊業票價和票務相關資料蒐
集與發布的世界領導者」。[4] 消費者通常透過旅行社或旅遊
網站如 Expedia 或 Travelocity，取得 ATPCO 票價。不過，
消費者不是唯一觀察票價的人。ATPCO 也直接提供票價資
訊給航空公司，允許它們觀察彼此的行動並迅速反應。理論
上，這種迅速反應力也使航空業躲過激烈殺價競爭。

飛機票折扣賽局

讓我們看一個典型的航空公司折扣賽：參賽者是支配一條特定航線的兩家航空公司，各航空公司必須決定是否提供折扣。如果其中一家是唯一打折者，它會享受最大的可能利潤（最佳結果），但如果另一家是唯一打折者，則會使前者獲得最低的可能利潤（最差結果）。此外，當兩家都不打折時，相較於兩家都打折，雙方都會獲得更好的結果。每家航空公司的優勢策略都是做折扣促銷，但當它們都打折時，雙方的結果都更差。因此，航空公司的折扣賽屬於囚徒困境。

如果旅客可以請航空公司祕密報價，優勢策略的邏輯考量會傾向於驅使兩家航空公司都提供競爭性的折扣。但 **ATPCO 系統只提供公開票價，所有航空公司都能看到。因此，一旦某家航空公司降價，其他公司可以立刻跟進。這讓大家被迫在「都訂高價」或「都訂低價」間做選擇；結果每家航空公司都會選擇維持高價，藉此脫離困境和避免折價。**

這並非假設性的案例。1990 年代初（在老布希總統主政下），美國司法部控告 ATPCO 和幾家大型航空公司「價格操縱」，在「休曼反托拉斯法」下，這屬於違法行為。此案的公開資料提供極好的窗口，讓人一窺航空公司在 1980 年代末如何利用 ATPCO。例如，1989 年 4 月美國航空與達美航空在達拉斯到芝加哥的航線展開票價拉鋸戰。（下述引

圖 22　飛機票折扣賽局的報酬矩陣

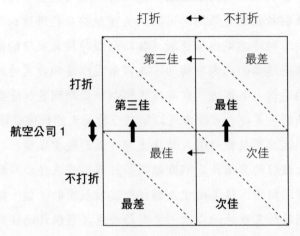

語已做編輯和濃縮。[5] 注意：當時航空公司登錄在 ATPCO 上的票價註明售票起迄日，暗示票價何時有效。設定未來某日開始賣票，允許公司傳達「目前還買不到這種票價」的訊息。）

1989 年 4 月，美國航空在達拉斯到芝加哥之間的兩個中轉站每天提供幾個航班優惠票。達美航空觀察美國航空的票價，決定對所有的達拉斯到芝加哥航班都提供優惠票。美國航空接著採取幾個舉動。首先，跟進達美航空，所有達拉斯到芝加哥的航班都提供優惠票，但註明到期日，傳達它不想繼續

提供所有航班優惠的訊息。美國航空也重新登錄兩個航班的折扣，註明未來的實施日期，藉此告訴達美航空，美國航空希望限制折扣的有效期。同時，美國航空在提供達拉斯到芝加哥航班的優惠期內，登錄達拉斯到亞特蘭大航班的優惠票價，那是達美的兩個中轉站。美國航空以這個方式連結兩條航線的票價，並傳達「只要達美限制達拉斯到芝加哥票價的優惠期間，美航也會撤回達拉斯到亞特蘭大的折價提議」。

　　一名達美航空訂價人員注意到，美國航空在達拉斯到亞特蘭大航線的票價是「明顯報復」達美航空在達拉斯到芝加哥航線的訂價。達美航空立刻接受美國航空的提議，撤回達拉斯到芝加哥航線的優惠，並登錄優惠票僅限於兩個特定航班。美國航空接著撤回達拉斯到亞特蘭大航線優惠。這項美國航空和達美航空之間的協議，令許多購買達拉斯到芝加哥來回機票的乘客多付高達 138 美元。

　　美國司法部最後以一份同意判決書結束 ATPCO 案，航空公司不認罪但同意終止某些被政府視為反競爭的措施。首先，航空公司同意讓大部分的漲價立即生效，改變過去先宣布未來漲價，再與其他航空公司「協商」，然後才敲定真正賣給消費者價格的做法。其次，ATPCO 本身同意修改系統，限制優惠票的「加註條款」及其他可供航空公司透過 ATPCO 票價互通款曲的資訊。(過去航空公司利用加注來傳

達某些票價如何連結其他票價的訊息。如上述例子，美國航空在達拉斯到亞特蘭大航線的報復性折扣，包含與它在達拉斯到芝加哥航線票價一模一樣的加注資訊，使達美航空的訂價人員一望即知兩條航線票價的策略連結。）

當然，即使有這份同意判決書，航空公司仍然可以觀察和迅速反應彼此的票價，抑制價格競爭。因此，總的來說，ATPCO 創造的訂價透明度是否對消費者有利，仍不確定。

▌比價網站的價格玄機

線上比價網站如 PriceGrabber.com 又如何？這些網站和 ATPCO 不一樣，通常不是由販售商品的公司擁有，只是提供商品的價格，並靠加強搜尋結果的品質和清晰度來積極爭取用戶。例如，PriceGrabber 計算包括稅金和運費在內的「底價」，與某些網路零售商企圖模糊真實價格的做法相反。[6] 但毋庸置疑，這些網站產生出協調網路零售商訂價的效果。例如，2012 年 5 月 8 日星期二，到 PriceGrabber 網站搜尋「佳能 EOS Rebel T3 型黑色單眼數位相機配 18-55 厘米鏡頭」，得出一台新相機的最低價為 499 美元。此外，四家「特別推薦」零售商中有三家都同樣提供這個價格，包括亞馬遜、B&H 和 Abe's of Maine。（PriceGrabber 的收入來自點擊零售商的鏈結，向零售商收費。特別推薦零售商則支

付額外費用，可以在更顯著的欄位出現。）

提供一模一樣的價格多少令人起疑，但也有競爭激烈的意味。為了深入探究，我在 2012 年 5 月連續幾天監看 PriceGrabber 上各賣家提供佳能 EOS Rebel T3 的價格，大致上都相同。不過，有一天，有一個賣家提供一個比亞馬遜及其餘商家低的價格。5 月 7 日星期一，BestPricePhoto.com（BPPhoto）提供 409 美元的售價，這是「清倉大拍賣！」，但只限午夜為止。

BPPhoto 似乎不算是 PriceGrabber 可靠夥伴群。[7] 首先，PriceGrabber 把 BPPhoto 的價格弄錯了，寫成 386.43 美元，而非正確價格 409 美元。[8] 因此可以合理懷疑，亞馬遜的訂價分析師可能根本沒察覺 BPPhoto 對它的佳能 EOS 相機進行一日突擊；如果他們察覺了，他們會聯絡 PriceGrabber，將 BPPhoto 上的價格上修到 409 美元。但即使亞馬遜知道它被突擊了，它能做什麼？

BPPhoto 的售價確實在午夜消失，意謂亞馬遜就算有任何報復，損失也只有一天。相形之下，這種報復性攻擊產生的成本和混亂可能相當可觀。道理何在？假設亞馬遜在發現 BPPhoto 提供 409 美元優惠價的當下立刻跟進，那麼，其他老練的參賽者會立刻看到並了解亞馬遜在做什麼，可以合理預期，它們也會迅速跟進亞馬遜的新價格。

現在設身處地替一個小相機店的老闆著想，他使用

PriceGrabber 之類的網站，但無暇思索其中奧妙。以亞馬遜的「價格領導地位」，遵循下述經驗法則是合理的：「我會隔一陣子查一下 PriceGrabber，當我這麼做時，我會比照亞馬遜的售價訂我的價格，無論當時的價格是多少。」如果有幾位這樣的小店老闆在亞馬遜報復性攻擊 BPPhoto 期間查了 PriceGrabber 網站，他們也會跟進 409 美元的價位，並誤以為這個低價是「新標準」。更糟的是，由於這些老闆好幾天都不會回網站查看，而且沒有人願意將售價改回 499 美元，直到其他每個人都這麼做了，使得市場固定在 409 美元的低價，也許維持很久。因此很容易看出為什麼亞馬遜可能饒過 BPPhoto 的犯規。

話說回來，499 美元可能是佳能 EOS 相機的「真正競爭價格」，BPPhoto 只是某個時運不濟，亟需將現貨出手求現的賣家。或者，409 美元可能是這款相機仍有賺頭的售價。但亞馬遜能夠利用 PriceGrabber 之類的網站所提供的動態反應，去維持高於競爭水準的價格。這問題需要更多研究才能解答，但如果將來聽到美國司法部調查比價網站可別意外。

▍避開共謀的指控

假設你是 PriceGrabber 的執行長，聽到網路零售商可能利用你的網站維持高價的說法，你應該會很震驚！你知道那

不是事實，但你也知道這樣的反托拉斯調查即使毫無根據，也可能毀了你的事業。你要如何保護自己免於這個風險？幸好，一旦透過賽局理論的角度看問題，就不難找到幾個簡單的方法調整你的商業模式，降低任何關於網站充斥隱性共謀的顧慮，或至少能可信地澄清，你的網站絕非設計來協助共謀。

可以考慮下述雙管齊下的辦法。首先，與其允許零售商隨時隨意張貼和更改價格，不如只准零售商每天更新一次，且限定在午夜。[9] 其次，務必要延續PriceGrabber目前的「開放使用」政策，任何零售商都可以登記在網站上張貼價格，不設任何與它們提供的價格相關的限制或懲罰。此法可以消除大部分關於隱性共謀的顧慮，因為它鼓勵新的賣家進入市場，即使出現共謀也會因此被打亂。

為什麼呢？假設我經營一家不起眼但鬥志旺盛的相機行，我非常樂意打翻亞馬遜的如意算盤，只考慮在過程中能賺個幾塊錢就好。如果亞馬遜及其他大電子商家立即回應我的任何折價，我就搶不到多少顧客，因為，當條件相等時，多數人寧可向商譽更好的大商家購買。就此而言，目前系統實際上製造不利於新參賽者的競爭環境。另一方面，如果大商家的反應能力被限制了，即使只慢一天，我就能趁機搶到一些生意，至少賺到一小筆錢，並（或許更重要的）建立自己的傑出服務商譽，最後有機會躋身大商家之林。

　　當然，我這樣做是冒著觸怒亞馬遜的風險。如果我是大公司，推出幾種類型的產品，甚至是市場領導者，亞馬遜就可以針對那些產品類別折價，藉此傳達清楚的訊息，就如達美航空提供達拉斯到芝加哥航線的折價後，美國航空針對達美命脈的達拉斯到亞特蘭大航線提供折價的訊息一樣。這種「多重市場交鋒」（multimarket contact）可以是有效的辦法，促使大公司自我節制和避免投入削價競爭。但我不是大公司，我是小而好鬥的競爭者，而且是一個移動標靶。在PriceGrabber 之類的網站上我可以提供現有幾百種產品的折扣選擇。只要亞馬遜的反應延誤，我就能利用不同產品類別打了就跑，每一次賺一點利潤。亞馬遜無法有效地在次日回擊我，因為屆時我已經不知道跑到哪裡去了。

　　大參賽者如亞馬遜有強烈誘因消除此類來自小參賽者和新進入者的搗蛋競爭。最容易的辦法也許是說服PriceGrabber 把這些討人厭的傢伙踢出網站，而且不必多費脣舌就能說服 PriceGrabber 這麼做；畢竟，小商家的商業模式是竊取大商家的點擊率，而 PriceGrabber 從特別推薦商家如亞馬遜的點擊率賺更多錢。這是為什麼談到要打擊比價網站上的隱性共謀，一定要「開放使用」。這也是美國司法部為什麼理所當然地將任何「限制賣家參加這些網站」的舉措，視為反競爭意圖的清楚指標。[10]

案例 2
鱈魚的滅絕危機

　　幾世紀來，紐芬蘭鱈魚是一個令人驚嘆的奇景。1497
年，第一個看到這個奇景的歐洲人描述，「海中充滿了魚，
不但可以用網撈，而且只用魚簍就可以兜上來。」幾百年
後，英國漁船船長報導鱈魚成群「聚在岸邊，稠密到我們幾
乎無法划船穿過。」[1] 到了 20 世紀初，這漁場仍然資源豐
沛，年產量近百萬噸。唯一真正限制捕撈的因素是人們的食
欲。由於紐芬蘭地處遙遠的北方，很少人嘗過新鮮鱈魚。對
該產業不幸的是，所有已知的保鮮方法都會改變魚的風味。
這一切在 1924 年被改變，那年克萊倫斯・博茲艾（Clarence
Birdseye）的急速冷凍技術問世了。

　　博茲艾是一名美國自然保育員，在北極工作時，觀察當
地的美洲原住民如何保藏魚類。混合冰、風和冰點以下的氣
溫，可以立刻冷凍剛捕到的魚；更棒的是，這條魚日後烹煮
和食用時，風味與肉質跟新鮮時無異。博茲艾發現，急速冷
凍快到使冰來不及結晶，這些晶體是破壞魚肉肌理和剝奪其
風味的元兇。這項發現與技術改變了世界漁業，讓漁獲可被
運到任何地方料理，吃起來彷彿剛從海裡撈上來。

　　到了 1944 年，博茲艾的公司租賃冷藏貨車運送冷凍食

品到全美各地，美國人的飲食習慣為之改變，因為現在千千萬萬人可以吃到新鮮的魚，更重要的是，還推廣到各式新鮮蔬菜。[*]隨著急速冷凍技術拉抬漁產消費需求，漁民紛紛投資大型拖網漁船，最後，捕撈的鱈魚數量超出漁場繁衍能力。不意外地，西北大西洋的鱈魚藏量終於暴跌（發生在1970年代中葉），漁獲量萎縮了一半。

悲哀的是，這種資源衰竭對世界漁業不是新聞。魚群總數有一個迅速自我補充的臨界點，每當過度捕撈或其他因素使總數降至該水準以下，繼續捕撈即會導致魚源藏量劇烈下跌。例如，1960年代冰島和挪威附近海域的過度捕撈，導致大西洋鯡魚和東北大西洋鱈魚藏量雙雙在1970年代崩跌。

▍漁夫的囚徒困境

魚源暴跌大大影響漁業部門生計。但我們不能靠漁民來維護他們賴以維生的魚群總數，因為**漁夫困在囚徒困境之中，他們每個人的優勢策略都是盡可能多捕魚，但當過度捕撈導致魚源崩跌，反而讓大家都受苦。這是為什麼漁業管理必須運用管制，不能只依賴市場誘因來調節。**

---

[*] 博茲艾很快就了解到，魚的供應跟蔬菜等食物相比，顯得微不足道，蔬菜市場也隨急凍技術而改變。事實上，在美國，如今博茲艾品牌主要與冷凍蔬菜相關。

圖 23　大西洋鱈魚和鯡魚年漁獲量，1950-2010 年

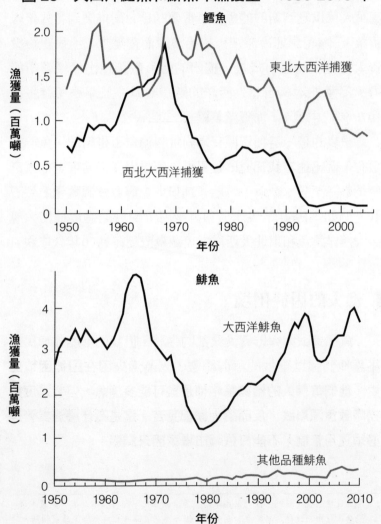

　　大西洋鯡魚和東北大西洋鱈魚漁獲量暴跌後，歐洲開始限制鯡魚和鱈魚的捕撈，總算使魚群總數穩定下來。鯡魚甚至恢復生機，現在年產量超過 300 萬噸。相形之下，紐芬蘭一帶的西北大西洋鱈魚的管制卻一敗塗地。經過 1980 年代鱈魚總數明顯停滯後，漁場在 1990 年代初遭逢災難性枯竭，管制者終於在 1993 年頒布完全暫停鱈魚捕撈的禁令。

　　不幸的是，即使禁捕，紐芬蘭鱈魚似乎難以挽回。一般認為，遭破壞的食物鏈生態系統在破壞因素移除後，自然會重新達到平衡。例如，若農夫獵殺狼，使狼群總數降至某個低水準，鹿群總數就會暴增，供應比平常還多的食物給狼吃。只要農夫在狼群滅絕之前停止獵殺，狼群總數仍會傾向回升，繼而限制鹿群總數。但這個狀況不必然會發生。假如鹿吃的東西剛好是狼存活所需，則鹿群暴增很可能意味狼群末日，即使加強禁止對狼獵殺也是無效。

　　這似乎正是發生在紐芬蘭鱈魚的現象。一組海洋學家在 2005 年《科學》期刊一篇文章中指出，「去除生態系統頂端的捕食者，可能造成瀉流效應（cascading effects），層層向下傳到食物鏈底部，徹底重組食物網。」[2] 在這個例子中，食物鏈關係實際上被逆轉。鱈魚平常的獵物（如鯡魚）一向靠吃鱈魚卵和魚苗維生。在生態史上，這對鱈魚總數只出現小波動，因為鱈魚數量龐大；然而，一旦鱈魚數量崩跌，這關係就逆轉了。現在鯡魚變成兇猛的獵食者，把鱈魚卵和魚

苗吃乾抹淨，牠們沒有機會長大來報復鯡魚，少數存活的成年鱈魚，對鯡魚總數只是小騷擾而已。[3]

以紐芬蘭鱈魚徹底、不可逆轉枯竭的可能性，相較於歐洲在維持鱈魚藏量上的成功，我們不得不懷疑：加拿大和美國的管制者睡著了嗎？或被短視近利的業者俘虜了？不，他們沒有睡著，在某個意義上，竟是這故事最糟的部分。就我所知，管制者正使用目前所能使用的最好科學知識，誠心誠意做這件事，但他們仍然搞砸了。問題出在他們對自己的數學模型太有信心，對正在進行的賽局又缺乏洞悉與覺悟。

1957年瑞・畢佛頓（Ray Beverton）與希德尼・侯頓（Sidney Holt）的開創性著作《論已開採魚類資源動態》（*On the Dynamics of Exploited Fish Populations*），為漁業科學和管理提供一份強有力的分析基礎。他們由此發展出「虛擬群落分析」（Virtual population analysis，VPA），成為至今仍廣泛應用的必要工具，用以推斷魚群總數的動態變化，並決定漁民可以合法捕撈的總量。遺憾的是，一如畢佛頓後來在1992年世界漁業大會的專題演說中強調，傳統的「虛擬群落分析」方法犯了根本上的錯誤；主要問題在於，「虛擬群落分析」假定漁夫提供正確的漁獲數字，卻忽略他們和管制者互相角力的賽局現實。

按規定，漁夫必須申報捕了多少魚、其中有多少是小魚等資料。當然，這些漁夫受法規約束，限制能捕些什麼，因

此他們可能謊報並不意外。例如，回港前「拋棄」死魚是非法的，所以從來沒有人申報過棄魚。但間接證據顯示，曾發生嚴重棄魚事件。[4] 同樣的，由於管制者最想保護幼魚，那是未來魚源所繫，所以漁夫有誘因謊報漁獲的年齡，製造幼魚被捕數量比實際少的假象。因此，漁業管制者是盲目的（而且不知道自己的盲目），直到為時已晚，鱈魚消失。

如畢佛頓在演說中強調，避免重蹈覆轍最好的方法，是以釜底抽薪的方式改變賽局。別依賴漁民申報漁獲，而是自己去監測。聲納探測技術讓監測船能直接測量魚群，提供管制者可靠的即時數據以進行決策。數十年來，漁民用聲納尋找魚群，在未加管制的情形下，已經破壞全世界的魚群。的確，最嚴重的漁場枯竭多發生在二次大戰後，也就是聲納設備普及後，這絕非偶然。[5] 令人安慰的反諷是，到頭來，聲納技術也可能幫忙拯救漁業。

這方面已有一些進展，但一旦我們從賽局理論的角度去思考漁業問題，其他配套辦法也浮出檯面。例如，為什麼有些漁夫謊報漁獲？當然不是因為他們希望看到魚群數量崩跌。畢竟，他們的生計依賴安全和穩固的魚源；他們之所以謊報漁獲，是不想被抓到違規。但這是完全可以避免的問題，是管制機構同時負責監測和執法所造成的。

▋ 改變漁業管理賽局

　　讓我們考慮下述構想：另外成立一個只負責監測的機構，進行持續的「魚口普查」，這個機構會追蹤違規事項，但不與其他機構分享資料，如同美國人口普查局知道非法移民，但不向移民局檢舉受訪者。不過，這個機構擁有公權力，一旦漁民申報內容有異狀，可以進行突擊檢查。例如，若漁夫不申報棄魚，但捕獲的值錢魚類卻超出正常份額，就會成為嫌疑犯，將被更密集抽查。反之，誠實申報棄魚或過度捕撈等非法活動的漁民則不會受到干涉，否則監測機構將會喪失信用，從而喪失所有執行任務的能力，無法蒐集正確資料。（監測機構仍會報告違規事項的彙整資料，允許執法機構找出問題並採取行動。）

　　整體而言，如果漁民有短視心態，希望這個監測機構在不久的未來提高漁獲限額，他們可能寧可少報漁獲。不過，漁民和監測機構打交道不可能口徑一致，而是必須各自決定是否要「坦白」捕撈的內容。確實，這構想是將漁民擺進囚徒困境裡，每個人的優勢策略是誠實申報漁獲，即使這樣做會導致未來漁獲限額降低。新限額或許對生態保育最理想，但對漁夫的經濟前景可能太差。這個囚徒困境特別令人滿意，因為當初之所以會發生過度捕撈，正是另一個囚徒困境（關於捕多少魚）造成的。

案例 3

房仲的「專業」建議

　　在美國，屋主付給房屋仲介的佣金依慣例高達房屋售價的 6%，房仲無疑提供「寶貴」的服務。沒有仲介，你的房子不會登在聯合售屋網（Multiple Listing Services），那是買方仲介帶客戶看屋的依據。而「屋主自售」的房子絕少有機會被雇了房仲的買方看到。除了透過聯合售屋網做廣告，仲介還提供其他服務，包括建議售價和幫忙打理裝潢增加賣相，使售屋過程盡可能順利。

　　仲介也建議客戶與買方議價的最佳策略，包括何時接受出價，何時堅持不讓，待價而沽。兩位芝加哥大學經濟學者史蒂芬・李維特（Steven Levitt）與查德・希沃森（Chad Syverson）懷疑賣方的仲介未必總是提供最好的建議。[1] 為了探究這個議題，他們蒐集 1992 至 2002 年間芝加哥地區出售的 10 萬幢住宅的資料，注意到一個有趣的事實：很多房仲也自己買賣房子，當作副業。當仲介賣自己的房地產時，他們想必是自己出主意，並採取自認為最有利的策略。當他們幫別人賣房子時，是否也給予同樣的建議？

　　李維特和希沃森的主要發現是，房仲賣自己的房子比幫別人賣類似的房子花的時間更長（多 9.5 天或 10%），售價

也更高（貴 7,700 美元或 3.7％）。[2] 一個可能的解釋是，這僅僅反映出，相較於房仲想脫手他們投資的財產，屋主更急於賣掉他們的住宅。（這點可能與屋主受信貸限制特別有關，除非賣掉目前住宅，否則他們買不起新房。）[3] 若是如此，則我們可以預期，屋主比仲介更願意接受較低的價格，更快賣掉房子。

屋主渴望銷售的心理無疑是故事的一部分，但其他因素也很重要。例如，李維特和希沃森也證明，房價因街廓而異。在房子和社區品質的條件相同下，住宅售價差異相近的街廓比差異幅度更大的街廓貴 2％。[4]

為什麼一幢房子坐落的街廓會影響它的行情？一個可能的解釋是，屋主判斷應該開價多少的資訊，取決於他們是否住在房價相近的街廓。請想像同一個社區有兩個街廓，各個條件差不多，除了一個街廓（街廓 1）的房子賣非常相近的價錢，比如說 49 至 51 萬美元，另一個街廓（街廓 2）的房子售價差異更大，比如說 40 至 60 萬美元。街廓 1 的屋主對開價多少很有概念，因為附近房子統統傾向賣這個價錢；街廓 2 的屋主卻更依賴仲介來決定價格。這產生一個可能性，仲介可能運用影響力，誘導住在街廓 2 的客戶（但非住在街廓 1 的客戶）訂出明顯低於市場行情的價格。

當然，這故事僅在房仲真的希望客戶訂出低於市場行情的價格才說得通。仲介獲得的佣金通常是房屋成交價的

1.5%，*這表示你的房子售價愈高，你的仲介賺得愈多。但為你服務需要花時間，時間就是金錢。基於這個理由，對你的仲介來說，最好的結果是馬上幫你賣掉房子，即使售價比市場行情略低也行，這樣他才能轉移工作重心，去服務其他客戶，做成下一筆交易。

為了說明這個概念，想像仲介為你服務的成本是每星期100美元。若有人出價49萬美元要買你的價值50萬美元的房子，而你接受了，仲介將有7,350美元入袋。如果你拒絕，並還價50萬美元呢？要是你賭贏了，買方接受你的還價，你的仲介只能多賺150美元。但如果買方掉頭而去，你的仲介將損失7,350美元，與買方接受還價所多賺的費用相比，就可以理解仲介為何會勸你別拖了，乾脆接受原先出價的49萬美元吧，儘管仲介在賣自己的房產會採取更積極的做法；同樣的，我們可以明白為什麼仲介會勸屋主一開始先開一個夠低的價錢，以便快速吸引買家，而非冒著房子在市場上擱很久賣不掉的風險，[5]儘管他們賣自己的房產時，願意忍受更長的滯銷期。[6]

---

* 依慣例，賣方付的佣金中有3%是給賣方的仲介，3%是給買方的仲介。不過，仲介通常要上繳一半佣金給雇用他們的房仲公司。

▌改變與賣方仲介的賽局

幾個方法可以改變目前美國的不動產委託銷售契約，使屋主和仲介的金錢誘因更一致。例如，可考慮簽訂一種成本加成式契約（cost-plus contract），由賣方支付仲介在房屋銷售過程中所花的時間和開支，如果賣掉房子可以多得一筆紅利。有了成本加成契約，仲介接你的生意不必冒虧損的風險，也少了催你快點賣出的經濟誘因。

此外，成本加成契約形成了誘因，讓仲介願意提供更多由他來做會更有效率的售屋「輔助服務」。在目前制度下，好的仲介常建議屋主對房子粉刷、修繕、租家具、補強園藝、買鮮花等等，屋主通常還要負責管理包商，並付錢買家具和鮮花。但是，由房仲公司來管理和付費給這類服務可能更方便也更划算。[7] 的確，房仲公司能夠可信地承諾進行重複生意，來換取折價的優質服務，房仲公司所能利用的規模與豐富的夥伴關係是個別屋主做不到的。[8]

因此，成本加成契約能夠真正改變房仲業，增加更多高價值的服務到房仲已經提供的眾多服務項目之中。此外，提供這類服務可讓最大的房仲公司利用它們的規模，提供小型房仲望塵莫及的「產品」。這會讓大房仲公司（合法地，毫無違反反托拉斯法之虞）鞏固市場力量，[9] 並嚇阻好勇鬥狠的小公司進入市場。

對今天大部分的大房仲公司來說，這種進入威脅是一個嚴重顧慮，畢竟歸根結柢，大房仲公司因擁有大網絡而享有的優勢是脆弱的，而且這優勢主要是基於屋主認為它們能提供更高價值的服務。例如，瑞麥地產（RE/MAX）可以宣稱「全世界沒有人比瑞麥賣更多房地產。」[10] 但這對賣你的房子有何幫助？一個理由可能是，瑞麥的成功反映它「尊重創業精神」，只吸引最勤奮工作的仲介加入它的行列。

的確，1970 年代瑞麥以嶄新的「自治」商業模式在房仲業異軍突起，在這個運作模式下，仲介自己負擔一切行銷開支，保留全部佣金，只付瑞麥一筆「辦公桌費」，換取辦公空間和懸掛瑞麥品牌的特權。因此，加入瑞麥真正是「不成功便成仁」的決定，唯有最大膽、最勤奮的仲介肯下此決心。不過，如果你要找大膽的創業家，何不考慮一家剛創業，沒有沉重辦公費負擔的小房仲公司？這種新創公司能夠更有效地從主流房仲公司挖角最優秀和最聰明的仲介。[11]

基於以上種種理由，大房仲公司在房地產市場的地位遠不如表面顯示的穩若泰山。我認為成本加成契約可以改變這一切，這會給予最好的房仲公司在提供高價值輔助服務上無與倫比的策略優勢。真令人不解，為何房仲業服務還沒有朝這個方向做策略經營？畢竟，屋主既然願意與房仲公司簽獨家代理協議，請他們對房仲公司提供的額外服務付費，要這樣做應該不困難。

這種轉變也有助於解決房仲業一個更基本的弱點：仲介賺得的利潤相當依賴這行業裡許多不能以立法解決的反競爭實務。*對仲介來說，幸虧有全國房仲協會（National Association of Realtors）幫他們抵擋更有效管制的新法規。全國房仲協會有將近百萬名繳會費的房地產經紀人（REALTORS®），遍布美國每個國會選區，這是一股不容小覷的政治勢力。[12] 所以即使房仲業有最明顯的反競爭實務，也無人過問，因為這些做法太普遍，而被大多數人不假思索地接受。（更多討論容後再述。）

▍與買方仲介的賽局

你剛接受另一個城市的新工作，帶著家人飛到當地去了解環境。你的老闆介紹一位房地產仲介給你，她會花一天時間帶你參觀社區和房子。但她會給你看什麼房子？要回答這個問題，必須站在仲介的立場去考慮她對市場上形形色色房子的了解。首先，任何優秀的仲介都知道房子有「個性」，會試圖尋找相配的人。有很多因素決定一幢房子是否適合你

---

* 親愛的全國房仲協會：請注意我絕非暗示房仲業實務是非法或不道德，它們只是反競爭。雖然這詞聽起來有貶義，但其實不然。的確，如果你讀了整本書，而非只是這一章，你會知道競爭（過度）正是世上許多禍害的根源，包括破壞人類所知最豐富的漁場。在那些例子，我真心認為，反競爭實務才是所有人類之福。

的家庭，從價格和房間數到附近的學校和餐館等等條件。除此之外，還有一個關鍵因素影響一幢房子是否也與你速配，那就是：賣方提供的佣金比例。

假設你的新工作待遇優渥，你想找百萬美元的迷你豪宅。如果仲介帶你看一幢 3％佣金的房子，你買了，她和她的公司會賺進 3 萬美元。但如果仲介帶你看一幢 2％佣金的房子，你買了，他們會少賺 1 萬美元。顯然，你更可能被帶去看抽佣 3％的房子！賣方仲介了解這點，因此常慫恿屋主，如果他們希望吸引由仲介帶來看屋的買方，務必按往例提供買方仲介房價全額的 3％佣金。

這是怎麼回事？屋主被鎖進一個囚徒困境，見圖 24 的仲介佣金賽局。每個屋主的優勢策略是提供 3％全額佣金給買方的仲介，而非較低（如）2％的佣金。

這個囚徒困境依賴一個極度奇怪、而如今人人視為理所當然的行規：屋主和他的仲介決定買方的仲介可以從他提供給買方的服務賺多少錢。除了傳統的媒妁之言（arranged marriage），倒想不出還有哪個情境是由一方決定另外一方之間的交易條件。傳統的媒妁之言至少還有一點道理，因為父母有出於天性的誘因，要替子女的幸福著想。反之在房地產交易，卻沒有人為買方的利益著想。

付給買方仲介的佣金不是直接出自買方的口袋。不過，買方要間接支付這筆費用，因為賣方將必須支付的佣金內化

圖 24　仲介佣金賽局的報酬矩陣

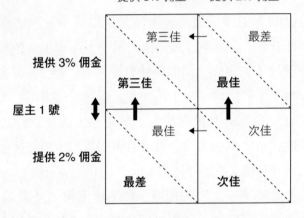

屋主 2 號

提供 3% 佣金 ←→ 提供 2% 佣金

在售價上。例如，如果買方仲介多拿 1 萬美元佣金，屋主會多要 1 萬美元房價。因此，付給買方仲介的佣金最後會「轉嫁」給買方。回到我們的原始例子，仲介開車帶你四處看百萬豪宅那一天，最後可能花掉你 3 萬美元，這車資真貴！

▌改變與買方仲介的賽局

為什麼不讓買方和他的仲介來協商這趟車資？買方需要房屋仲介幫他找一幢好房子，並引導他辦理複雜的購屋手續。買方無疑會出手大方，以獲得好仲介的協助。但買方恐

圖 25　仲介競爭賽局的報酬矩陣

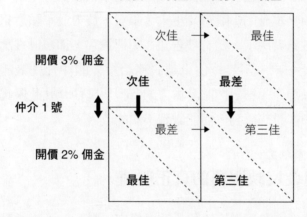

仲介 2 號

開價 3% 佣金 ←→ 開價 2% 佣金

怕不如想像中慷慨，因為仲介有更多誘因來爭取客戶。

　　強迫買方仲介直接與客戶協商佣金，是從根本上改變設定仲介費的賽局。特別是將參賽者為屋主的圖 24 仲介佣金賽局，轉變成參賽者為買方仲介的圖 25 仲介競爭賽局。在新賽局中，仲介必須競爭代理客戶的機會。[13] 即使買方樂意付出 3％的全額佣金，他顯然更希望只付較低的 2％。因為渴望獲得買方的生意，仲介有誘因積極競爭，用更低的服務費（和更好的服務）來區隔自己。的確，如圖 25 所示，這個賽局本身是一個囚徒困境，每個仲介的優勢策略是提供客戶折扣，但當人人都提供折扣時，大家的收入都會減少。

一旦以此方式改變賽局，購屋者會獲益，這有幾個原因。首先，如前所述，仲介會被迫競爭，這會誘導仲介不但收取較低廉的費用，而且提供更優質的服務給買方。這種改變對房仲業本身的影響可能更大，畢竟，買方並不願意只是被載到各處看房子，還有被告知在哪裡簽字，卻多付幾萬美元。如此一來，不能提供卓越服務給買方的仲介就毫無機會。可以想像一種專門服務買方的新型房屋仲介就此興起，因為替顧客設想周到，而能賺到不錯的收入。

▎讓佣金反映服務的真正價值

隨著美國房市從崩垮和長期蕭條中復甦，給了我們歷史性的機遇，可以專注在房地產業，並一勞永逸地「操縱賽局」。房仲業缺乏效率只是問題的一部分，但卻是很重要的部分。仲介佣金代表一個「摩擦點」，可能阻止至少部分屋主和潛在屋主進入市場，最後促成美國住宅存量的流動性不足和無效率分配。我們需要一套機制，讓仲介佣金透明地反映出提供給買賣雙方的真正價值。

理所當然的第一步是立法禁止由屋主支付買方的仲介費。這種付款方式製造明顯的利益衝突，扼殺美國房地產市場的自然動能。有些全國房仲協會會員可能會對這提議感到震怒，但許多產業已經禁止類似的設計。這基於很好的理

由。例如，假如你的心臟外科醫師從心律調節器製造商獲得大部分收入，每安裝一個心律調節器就獲得一筆佣金，你感覺如何？當然，幫你開刀的醫師會把你的健康列為第一考量，選擇認為對你最好的心律調節器。不過，我保證：如果合法，你的外科醫師也會從中收取回扣。

即使沒有外科醫師利欲薰心，拿劣等品魚目混珠欺騙病患，這種特別費（side payment）仍會製造顯著障礙，阻止新的救命產品和科技進入，而允許醫療設備業的強者鞏固市場優勢。有很好的理由解釋為什麼法律不容許這種「花錢買參賽資格」（pay-to-play）的支付。[14] 雖然特別費會增加外科醫師收入，鼓勵更多人競逐，這或許是件好事，但它也會破壞競爭及隨之而來的創新動力，弊遠大於利。

同樣的，辯稱很多房仲需要 3% 佣金否則活不下去是說不過去的。無可否認法規改變將導致表現不佳的仲介人員佣金減少，讓很多房仲因此改行。但冷酷的事實是，進入房仲業相當容易，這種「免費入場」永遠會壓低一些仲介人員的收入。歸根結柢，主要差別在多少人選擇這行。仲介人數減少，意謂全國房仲協會的會費收入減少，影響力降低，但對屋主和購屋者未必是壞事，對留在這行的仲介也不差。確實，如前所述，釋放真正的競爭可以改變房屋仲介業，使最好的仲介和最好的房仲公司真正賺大錢。

案例 4
壅塞的急診室困境

過度使用麻醉藥是一個大問題，病人就在眼前，尤其是為了牙痛上門，很難做出客觀評估……我們寧可當作疼痛來治療，但這很可能助長藥物濫用。

　　——蓋爾‧杜諾費里奧，耶魯大學醫學院急診醫學系教授兼主任，2012 年[1]

問急診醫師最大的工作壓力來源是什麼，他們不大可能說創傷、暴力或死亡，那只是這個工作的一部分。相反的，挫折和疲倦來自於每日面對病患上門尋求止痛劑的轟炸。

　　——查爾斯‧傅依等醫師，《急診醫學報》，2011 年[2]

我知道我（對鴉片類藥物）上癮，那是醫師的錯，因為那是他們開的處方，但如果他們任憑我疼痛不理，我會告他們。

　　——史丹福大學精神病學助理教授安娜‧蘭柏基引述一位病患的話，2012 年[3]

　　當意外發生或疾病突然來襲，迅速去醫院急診室通常是你唯一的選擇，有時是唯一的活命希望。不幸的是，在今日的美國，偏偏沒有足夠的空間服務每一個有緊急需求的人。確實，大約每分鐘就有一輛救護車被轉往更遙遠的醫院，因為最近的急診室客滿，無法再多收一名病患。美國國家醫學院（Institute of Medicine）稱這種急診室過度擁擠問題為

「全國流行病」，在我們最需要照護的時候對照護品質造成負面衝擊。[4]

很多因素促成急診室人滿為患。有些問題是結構性的，譬如其他科別的病床不足，無法移送病患，但有些因素是策略性的，因此可能可以用「改變賽局」的辦法來解決。例如，沒有醫療保險的病人會因為成本考量，選擇忽略預防疾病或延誤早期治療，卻在日後進了急診室，在那裡照護他們的大部分成本最後轉嫁給一般大眾。改變這個賽局的方法很多，例如直接透過政府補貼或間接藉由增加保險業者的競爭來降低醫療保險費。不過，健康照護系統太複雜，任何改革都會產生非故意的後果，可能難以辨別哪個改變方向最好……而且幾乎不可能讓政客對改變的方向達成共識。[5]

所幸，至少可以減緩急診室過度擁擠的問題，只要專注在另一個更容易控制的成因上：尋求藥物的癮君子。急診醫師往往被宣稱劇痛的病人包圍，部分病患的疼痛是真的，常見禍首是牙神經發炎，但有些人卻是吃止痛藥（尤其鴉片類）成癮，他們只不過是來找藥解癮。不幸的是，這類找藥的人數似乎呈上升趨勢。的確，根據美國疾病控制與預防中心的統計，從 2004 到 2008 年，上急診室看診尋求非醫療用途的處方止痛劑人次增加一倍以上，從一年 144,644 次，增加到 305,885 次。[6]

▎急診醫師的兩難

找藥解癮行為的氾濫，使急診醫師在面對病人宣稱自己痛得要命，並說除了 Percoset 或 Vicodin 這兩種上癮的止痛藥外，堅稱對其他止痛藥過敏，這讓醫師陷入進退兩難的處境。[7] 疼痛和過敏不能直接觀察，因此無法確定病人是否說謊。況且，就算醫師有辦法識破謊言，但區分找藥解癮的人和真正痛苦的病人還是要花時間，這些時間本來可以用在幫助更需要緊急醫療的人身上。

拒開止痛劑給明顯找藥解癮的人，無疑會讓一些急診醫師心安，知道自己沒有助長危險的麻醉藥癮。但仍有理由懷疑，至少對一些醫師而言，這種心安未必能促成夠強的執行動機。首先，找藥解癮的人被一個醫師拒絕後，大可換個時間或換個醫院再試運氣。反正下一個醫師會給他藥，你又何必自找麻煩拒絕他？湯瑪士・班宗尼醫師（Dr. Thomas Benzoni）長期在愛荷華州蘇城（Sioux City）擔任急診醫師，最近向《紐約時報》解釋這個邏輯：

我承認有些不該拿到藥的人從我這裡拿到藥。（但叫我怎麼辦？）我該拒絕給他們藥，好讓一個人少拿一點 Vicodin 嗎？用這個辦法解決我們社會的毒品問題，（不啻是）企圖用一只茶杯舀光海水。[8]

　　總之，急診醫師似乎困在一個囚徒困境，每個醫師的優勢策略是開止痛劑給每個開口索藥的人，但這麼容易取得麻醉藥是變相支持藥癮，鼓勵愈來愈多找藥的人湧進每一間急診室，結果人人受害。

　　急診室可以改變這個賽局，藉由採取政策來降低自己對藥癮者的吸引力。如果這麼做，找藥解癮的人遲早會學到避免到急診室，而耽誤其他病患候診。但在現實中，大部分急診室施行的政策卻是誘導醫師乾脆給藥了事。如今急診醫師的考績常以「病患滿意度」來評定，他們的薪資甚至和工作保障與滿意度得分綁在一起。難怪有些急診醫師即使面對明顯找藥的人，也寧願配合開藥。

▌ 改變緊急止痛賽局

　　不論挑戰是什麼，有一件事對我們有利，那就是賽局改變者希望改變緊急止痛賽局。大家都同意急診室的找藥行為是一個亟待解決的嚴重問題。麻煩的是，醫界尚未集思廣益共謀解決之道。這是賽局理論可以幫上忙的地方，藉由提供一個系統性的方法，找出阻礙醫師和醫院達到這個共識目標的主要策略互動，及主要的環境特性。

　　特別是，急診室的找藥問題有兩個主要策略因素：

　　1. 不對稱的資訊：急診病患知道自己是真的疼痛還是裝

痛騙藥，但急診醫師不確定哪個病人真的疼痛。

2. **反常的誘因：** 由於來自醫院管理者的壓力，逼他們「滿足」病患，急診醫師有誘因開鴉片類藥物處方箋，甚至開給有藥癮嫌疑的人。

首先考慮資訊不對稱的問題。急診醫師不能直接觀察病人是否真的痛，使他們處於劣勢，因為他們不可能既偵查和拒絕偽裝者，又不延誤一些真正痛苦者的治療。醫師對這種不確定性的自然反應是寧濫勿缺，只要有一絲懷疑就開藥，忽視讓嗑藥者輕易取得麻醉藥所造成的傷害。

同樣窘境出現在各式各樣的策略互動中，只要部分參賽者的「類型」隱藏在其他人背後，從稅捐稽徵（國稅局抓逃漏稅時，總會將一些誠實納稅人的帳一起調出查閱）到尋找戀愛伴侶（純情女性因為「花心男」的懷疑，連帶對一些值得交往的男士也不給機會）。不過，跟這些情境不同的是，急診醫師未必不能辨別有止痛藥癮的人。例如，假設醫師能輕易查到每一個病患的處方史。那些近期有一連串鴉片類藥物處方的病人可能不是藥癮者，他們也許需要鴉片藥物來治療慢性疼痛；但如果此人出現在急診室，宣稱需要多幾粒藥「幫他們度過難關」，則幾乎確定是藥癮者。

處方資料分散在健康照護系統各角落，將之彙整成單一資料庫是極其艱鉅的任務。所幸，很多州已展開匯集資料的

工作。的確，根據布蘭戴斯大學（Brandeis University）處方藥監控計劃（Prescription Drug Monitoring Program）整合中心的報導，在 2011 年 4 月，44 個州不是已經有一個可運作的處方藥監控計劃，就是已經立法授權成立。[9] 處方藥監控計劃的興起，使急診醫師現在只要查查相關資料庫，就可按處方史剔除許多藥癮者。而由於急診處方也會納入這些資料庫，意謂藥癮者（或那些騙藥來賣給藥癮者的人）不再能習慣性地逛急診室拿藥，而不給自己貼上藥癮者的標籤。

不過，如果要讓這個方法有效，急診醫師也必須花點功夫，每次有急診病人宣稱疼痛，就查一下當地的處方藥監控計劃資料庫。遺憾的是，即使這點功夫都嫌太多。儘管綜合資料庫的可用性愈來愈高，卻少有急診醫師在寫新處方前先查病患最近是否拿過止痛劑。[10] 根據處方藥監控計劃整合中心主任約翰·伊蒂（John Eadie）表示：「很多急診醫師還不了解，快速查一下資料庫看看病患最近拿過多少次止痛劑處方的重要性。」如果伊蒂看法正確，則一點點教育和一個容易使用的智慧型手機 app，就足以幫急診醫師克服困難，促成處方藥監控計劃普遍使用。

遺憾的是，我怕真正問題可能比僅僅缺乏賽局意識還深層（也更令人不安）。急診醫師是一群聰明機警的人，他們已經洞悉急診室充斥藥癮者的問題，並深受困擾，如果處方藥監控計劃真能解決急診醫師每天面對的找藥問題，處方藥

監控計劃會瞬間普及。可是，處方藥監控計劃本身解決不了當病人宣稱疼痛時醫師面對的策略問題。

只要站在醫師的立場想一下就知道為什麼了。拒開麻醉止痛劑給疑似藥癮者的急診醫師，無可避免會得罪這些「病人」和獲得較低的滿意度分數。「疼痛被視為『第五生命徵象』，不治療病人的疼痛你可能被追究責任。」北卡羅來納大學醫院急診室助理主任阿必希‧梅赫洛特拉醫師（Dr. Abhi Mehrotra）解釋。或如湯瑪士‧班宗尼醫師更直言不諱：「既然不給麻醉藥會被你批評，正確辨認一個找藥解癮的人又得不到你的讚美，那我就給麻醉藥吧！」當然，一旦你放棄了，乾脆給麻醉藥了事，查處方藥監控計劃來確認你的病患是不是藥癮者有什麼意義？這樣做只會讓你對「治療」他們的疼痛感覺更糟。

▍病患滿意度的反向誘因

為什麼醫院管理者不給醫師更多裁量權去拒開止痛劑？首先，沒有人希望犯錯，不幫真正疼痛的人止痛，尤其在興訟成風的時代，「疼痛和受苦」都會成為索賠的理由。[11] 其次，醫院不喜歡有不滿意的病患。

如今醫院到處張貼的「我們致力提供完美服務」海報不只是裝飾品。醫院迫切希望與競爭者區隔，以吸引有利可圖

的「目標明確購物者」，他們可以挑選的醫院很多。而顧客滿意度排名提供最容易和最明顯的區隔方法。例如，2009年印第安納州雪比鎮（Shelbyville）梅傑醫院（Major Hospital）的總裁兼執行長傑克・霍能（Jack Horner）對於他的醫院在醫療顧問公司普瑞斯甘尼（Press Ganey）*做的調查獲得高分，得意洋洋地表示：

我們非常高興看到梅傑醫院與本區類似規模的醫院相比名列第一，並排在全國的前2%。普瑞斯甘尼是倍受敬重的獨立醫療顧問公司，其調查報告強有力地證實梅傑醫院的醫師、護士和專業人員成功致力於持續改進服務。梅傑醫院的目標是成為本區最好的個人醫療服務提供者，普瑞斯甘尼的調查結果顯示我們正邁向那個目標。[12]

持平而論，醫院管理者相當執迷於提高他們在普瑞斯甘尼醫院排行榜的排名，而且有很好理由：醫院高階主管的紅利通常與普瑞斯甘尼評分綁在一起，因此許多急診醫師的薪資取決於普瑞斯甘尼評價並非巧合。甚至，根據《急診醫師

---

* 普瑞斯甘尼在醫療顧問業獨一無二、影響力深遠，而且非常賺錢，它利用這個地位推動美國醫院在提供照護方式上多數的正面改革。2008 年，私募股權公司 Vestar Capital Partners 經由管理權購併取得普瑞斯甘尼過半數股份。此後，普瑞斯甘尼擴張巨大影響力到私人診所、門診服務和居家護理等醫院之外的地方。

月刊》（*Emergency Physicians Monthly*）的「白袍值班室」
（WhiteCoat's Call Room）部落格 2009 年 12 月做的急診醫
師問卷調查，「每 8 名答卷者中有將近 1 人會因為病人滿意
度分數低而工作不保。」[13]

醫師對這些誘因的自然反應是更加努力滿足病人。乍看
之下，這似乎是好事。畢竟，更高的病人滿意度表面看來確
實與更好的照護品質正相關。[14] 然而，只因為更高的病人
滿意度在統計上與更好的照護品質相關，不表示提高病人滿
意度的行動，也必然提高照護品質。要知道為什麼，請容我
暫時岔開主題，舉一個棒球界的例子。

2013 年 3 月，華盛頓國民隊投手史蒂芬・史特拉斯堡
（Stephen Strasburg）表示他欽佩聯盟中其他傑出投手的耐
力，「你瞧一些頂尖投手，他們每場（投）至少 110（球）。
我要準備（投這麼多球……我）一定要不斷努力，不斷磨
練。」[15] 這是事實，平均而言，每場比賽送最少人上壘的投
手，通常也留在比賽中更久，投更多的球。不過，這不表示
身為投手的最佳改進之道是每場投更多球。的確，那些逼自
己超越體能極限投更多球的投手，自然也較容易疲倦或受
傷，表現反而不如他們量力而為時。[16] 同樣的，當醫師千
方百計去「滿足」病人，他們提供的照護品質實際上可能不
如他們只是盡自己能力去服務病人的時候。

一味重視病人滿意度，有時甚至可能給予醫師誘因提供

不恰當的照護。[17] 例如，在上述《急診醫師月刊》調查，「超過 4 成（回卷的急診醫師）曾因為擔心病人滿意度下降而改變療法。在那些改變療法的醫師當中，67％給予的治療有一半以上很可能非醫療必要，（有時導致併發症，包括）顯影劑造成腎臟損害、對藥物的過敏反應、因服止痛藥『過度鎮靜』而住院、還有困難梭狀桿菌腹瀉（Clostridium difficile diarrhea）。」

▋ 滿足錯誤的病人

急診室滿足病人最好的方法似乎是救他們的命。但是當急診醫師救回病人一命，他／她通常不會因此記功。原因是急診室把病人的命搶救回來後，病重和嚴重受傷的病人通常被轉到病房，由後者獨占病人滿意的全部功勞。急診醫師威廉·蘇立文（William Sullivan）及喬·迪洛西亞（Joe DeLucia）在 2010 年 9 月號的《急診醫師月刊》中解釋：

（從急診室轉到）住院的病人和轉到其他醫院的病人不會收到普瑞斯甘尼急診室滿意度調查。住院病人的問卷也許會問一些急診室的問題，但那些問題的答案計入住院病人滿意度，而非急診室滿意度。（這為急診室醫護人員製造兩難困境。）急診醫師和護士究竟應該提供恰當但費時的醫療照護

給急重症病人，或只應該提供最少量的醫療照護，以便花更多時間在會填滿意度問卷的病人身上？有時候，尤其在因預算不足而裁員的急診室，一個醫師要看所有病人，「兩者兼顧」也許不是選項。[18]

由於只有最不嚴重的急診室病人才會拿到急診室問卷，普瑞斯甘尼的急診室評分主要反映非重症病人的經驗，尤其是這類病人必須等多久，直到所有重症病人治療完畢才輪到他們看病。醫院可以採取步驟限制急診室的候診時間，甚至很多醫院付普瑞斯甘尼大筆錢來建議它們怎麼做……並看到它們的普瑞斯甘尼排名爬升。但急診室的候診時間長短真的能告訴我們醫院整體服務品質嗎？

急診室的候診時間受到許多混淆因素影響，未必與醫院提供的整體照護品質有關，即使有關，關係也不大。舉例來說，如果一個醫院坐落在犯罪率較高，或沒有保險的病人較多的地區，不論醫院怎麼做，候診時間多半會較久。普瑞斯甘尼承認這個事實，所以用「同類」醫院作為評量標準，亦即其他教學醫院、其他都會醫院等等。但醫院環境不同之處很多，普瑞斯甘尼的調查並未一一控制這些變數，因此即使將這些同類醫院拿來比較，也可能意義不大。

蓋爾・杜諾費里奧醫師（Dr. Gail D'Onofrio）提供一個例子，特別能說明普瑞斯甘尼調查結果的局限性。身為耶魯

大學醫學院急診醫學系教授兼主任，杜諾費里奧醫師管理兩家人員充足的急診室，每一所每年看幾萬名病人。第一家坐落在紐海文市（New Haven）龍蛇雜處的城中區，在普瑞斯甘尼的顧客滿意度調查經常落在最低的 20％。第二家位於鄰鎮吉爾福特（Guilford）的濱海區，經常名列最高的 1％。的確，差別如此明顯，以致一位病患最近抱怨紐海文市的醫師應該向吉爾福特鎮的醫師學習。問題在哪？其實兩家急診室的急診醫師是同一批人！那差別是什麼？杜諾費里奧醫師告訴筆者，差別有幾點，但主因是吉爾福特院區沒有保險的病人較少，而且，較少找藥解癮的人。

▍醫院該如何改變賽局

比起提升普瑞斯甘尼排名，如果說有一件事更讓醫院董事會關心，那就是避免訴訟的威脅。遺憾的是，醫院基於普瑞斯甘尼調查結果獎勵醫師的普遍措施，除了損害急診室的照護品質，還可能為醫院引起全新的法律責任。威廉·蘇立文醫師及喬·迪洛西亞在《急診醫師月刊》中解釋：

如果非必要的治療導致不利病人的後果，可以連結到醫院逼醫護人員改善病人滿意度分數的壓力，則醫院可能必須承擔民事責任。有見識的律師可以控告醫院或醫師便宜行事，不

按正規程序照護重症病患，以便集中注意力在會拿到滿意度高分的病人身上。（此外）純粹為了改善病人滿意度分數的壓力而提供的治療或住院服務，向聯邦醫療保險（Medicare）申請付款時，可能（引起）聯邦醫療保險稽核人員更多注意（可能會追回過去的聯邦醫療保險付款）。這種過度使用資源的模式一旦證實，可能構成制裁醫院的充分理由。[19]

醫院只要改變它們使用普瑞斯甘尼調查結果的方式，就可以輕易降低上述法律責任風險。例如，假設醫院取消所有鼓勵急診室管理階層和急診醫師將焦點放在改善普瑞斯甘尼滿意度分數上的經濟誘因。[20] 單單這一個步驟就很可能讓醫院免於任何法律責任，因為它可以排除院方在製造反常誘因，誘導急診醫師提供不當照護上扮演的角色。[21]

對醫院的好消息是，會出現一些新而更好的選擇，為它們衡量病人滿意度和從病人的回應中學習。特別是有一家前景看好的新創公司，叫做雙法洛士（Bivarus），正蓄勢待發挑戰普瑞斯甘尼在病患滿意度調查市場的長期支配地位。雙法洛士是兩位來自杜克大學和北卡羅來納大學的醫師在2010 年創立，其使命是提供一個更有科學根據、臨床基礎的方法來衡量病人滿意度：

（雙法洛士）回應健康照護專業人士對於目前衡量病人滿意度的工具，及其固有缺乏精確科學與可行行動的挫折。我們創造一個真正革命性、基於貝氏定理的平台*來產生圍繞病人經驗的精確調查結果，以及很重要的，提供圍繞主要照護面向的可靠數據來驅動實際干預，以做出積極的改變。我們相信雙法洛士會成為催化劑，推動健康照護產業進入 21 世紀的思維：以病患為對話的核心，經科學方法證實的回饋會引導我們擺脫僅靠標竿測量和評分的局限性，透過真正聆聽和尊重健康照護服務對象的聲音，做出明智的決策。[22]

2012 年雙法洛士在北卡羅來納大學醫院急診室推出的試點計劃，已經因為病患參與增加而改變這個賽局，在數個臨床領域獲得前所未聞的 30％～ 50％回應率。[23]（傳統病人滿意度調查的回應率通常低於 5％。）由於他們的聲音終於被真正聽到，病人可能真的變成「對話的核心」，允許醫院和服務提供者利用有意義的病人回饋來改善目前健康照護提供和獲得的方式。[24]

---

* 換言之，雙法洛士用統計模型來決定問每一位病人什麼問題。

▎讓各家醫院「爭著硬起來」

解除急診醫師爭取普瑞斯甘尼評分的壓力，能讓急診室立即在很多方面獲得改善，因為急診醫師終於可以毫無顧忌地提供坦率、尊嚴和可能的最佳照護來對待病人。遺憾的是，急診室的找藥問題根深柢固，不大可能有立竿見影的解決方法。最明目張膽的找藥解癮者可能會被剔除，但更狡猾的找藥解癮者總有辦法講出可信的故事，說服醫師相信他們是真的有疼痛。對這類病人，我們姑且稱之為「疑似找藥解癮者」，醫師和醫院仍有誘因寧可開麻醉藥。

儘管如此，這個情況的賽局理論分析給我們理由期待，假以時日，急診室會找出對策，對疑似找藥解癮的人硬起來。原因在於，放手讓急診醫師和急診室管理者自行決定他們要多強硬，自然會導致不同急診室對待疑似找藥解癮者的態度差異。有些急診室會比較寬大，滿足開口找藥解癮的人的需求；其他急診室則會採取強硬的路線，拒絕為說詞可疑的人止痛。

藥癮者自然會對此差異做出反應，最後集中火力進攻最容易得手的急診室。於是最強硬的急診室有了獎賞：上門的找藥的人少了。這些強硬急診室的候診時間會改善，醫護人員士氣會提升；這一切最後也會轉化成更高的病人滿意度。因此，對找藥解癮的人硬起來的醫院管理者將比態度寬大的

醫院更享有優勢。

　　當然，當一家醫院硬起來，把找藥解癮的人驅逐到競爭者的急診室，其他醫院將面對藥癮者蜂擁而至的更大壓力。這些醫院於是會有比過去強烈的誘因，讓自己也硬起來，甚至變得比別家醫院還強硬。最後，這個動態會製造一場「爭著硬起來的競賽」，驅使所有醫院對找藥解癮的人採取比原先所選擇的更強硬立場。

　　最後結果是，找藥解癮的人可能發現急診室不再是容易拿麻醉藥的好客區。的確，當便利的處方資料庫和警惕的急診醫師合體後，藥癮者和藥頭可能發現急診室太缺乏吸引力，會放棄嘗試去那裡拿藥。如果真是如此，則急診室的找藥行為終於可以走入歷史，使急診醫師可以集中時間和精力去做他們真正的工作：救命！

┃ 喚起領導力

　　在美國，每年急診室的看診次數與誤用或濫用處方藥有關者超過百萬人次。[25] 最理想的做法是讓醫院利用這些地方幫助藥癮者戒除藥癮。遺憾的是，如前所述，一旦醫院認清一味重視「滿足」急診病患的愚蠢，並放手讓急診醫師提供最佳可能照護，急診室生態系統的自然策略演化是趨向強硬，而非變得寬大。

然而，在正確領導下，醫院能夠超越自己，改變賽局，不只拒絕給麻醉藥，還應提供必要的資訊和資源，增進藥癮者對藥癮的控制能力。例如，耶魯急診室的醫師已率先示範一個「審查、短期干預和轉診治療」（SBIRT）計劃，提供「行為治療給濫用藥物和從事危險飲酒行為的急診室病人。這特別重要……因為嗑藥、酗酒問題是可預防的疾病和傷害的頭號肇因。」[26] 只要我們有決心，廣泛實施 SBIRT 之類的計劃，可以成為對抗藥癮和酒癮問題的一個重要轉捩點。

案例 5
拉抬 eBay 信譽的方法

我創造一個鼓勵誠實交易的公開市場，希望使陌生人在網路上做生意更容易。我們有一個公開論壇。利用它，讓你的抱怨攤在陽光下。更好的是，讓你的讚美公諸於世。讓人人知道與其他人打交道多麼愉快。最重要的是，展現自己的專業態度。

——eBay 創辦人皮耶・歐米迪亞，1996 年

2012 年夏季，蘋果公司推出開學促銷活動，任何大學生只要買一台 Mac 電腦，就獲贈 100 美元的 iTunes 禮物卡。即使你沒有興趣在 iTunes 買東西，這張禮物卡仍然值錢。的確，很多這些卡在 eBay 上販售，通常賣至少 80 美元。但如果你是買家，要小心！eBay 禮物卡市場似乎充斥厚顏無恥的賣家。

為了了解這個市場，我調查 2012 年 10 月 2 日凌晨至下午 2 點間所有在 eBay 上實際賣出的 100 美元 iTunes 禮物卡，在圖 26 列出我的發現。eBay 提供兩種銷售方式：拍賣或只要接受就成交的「立即買」（Buy It Now）價格。31 筆銷售當中，有 22 筆是以超過 100 美元面額的立即買價格成交。為什麼有人願意付高於面額的價格？一個似乎合理的解釋

圖 26　百元 iTunes 禮物卡售價與數量

	真交易	不確定	假交易
立即買	3 筆 （84.95-90 美元）	1 筆 （97.95 美元）	22 筆 （102.99-109.7 美元）
拍賣	--	4 筆 （91-98.6 美元）	1 筆 （103.98 美元）

註：2012 年 10 月 2 日 0 點至 14 點在 eBay 的銷售統計（含運費）

是，這些禮物卡的「賣家」進行假交易來拉抬自己在 eBay
的聲望，自己「買」自己的禮物卡，然後給自己讚不絕口的
「評價」。[1]

　　有 5 筆銷售以拍賣方式進行。其中一筆顯然也是假的，
只吸引一個 99.99 美元投標，加上 3.99 美元運費，總價變成
103.98 美元。另 4 筆拍賣以低於 100 美元的價格決標，但不
保證這些交易是真的。事實上，聰明的騙子可以用真拍賣來
遮掩假銷售，允許真正競標，但自己出一個高於 100 美元的
「代理標價」（proxy bid）。只要有人跟你競爭，eBay 會自動
代你加碼出價，直到達到你的代理標價。藉著將代理標價設

在 100 美元以上，假賣家基本上可以保證沒有一個真正買家
會得標。此外，這種拍賣的最後成交價從來不會超過 100 美
元，因為所有真正買家在更低的價格就退出了。萬一未來買
家要查銷售紀錄，這個手法可讓騙子大致不受懷疑。

　　儘管如此，至少有幾筆銷售是真的。4 筆交易以低於百
元的立即買價格成交，其中 3 筆以低於面額 10％以上的折
價賣出。[2] 當然，這些銷售仍可能有詐，例如萬一禮物卡是
用過的、偷來的或因某個理由不能兌換。[3] 的確，根據美國
零售聯盟（National Retail Federation），「拍賣網站上的禮
物卡很可能是偽造或用詐騙手段取得……買家應只向信譽良
好的零售商買禮物卡，而非拍賣網站。」[4]

　　無恥賣家挖空心思進行假交易，來拉抬他們的 eBay 信
譽，這說明信譽在網路商店真的很重要。大多數買家的想法
是，既然累積正向評價需要時間和精力，擁有良好評價的賣
家多半是合法賣家。但是，誠如 2007 年一篇叫做〈你還能
相信 eBay 評價嗎？〉的 eBay 指南所言，即使騙子也能培
養無懈可擊的 eBay 信譽，用它來欺騙不疑有他的買家，更
容易得逞：

*eBay 評價系統長久以來是 eBay.com 的支柱。過去，如果買
家只跟有很多正向評價的賣家打交道，eBay 評價讓人容易避
開線上騙徒。但如今，令人遺憾地，想避免上當已不容易。*

線上騙徒已找到各種方法欺騙 eBay 評價系統，取得虛假的正向評價。最近流行買線上食譜、電子書、批發清單、免費資訊及資料手冊。簡言之，任何能確實在 eBay 上以低於 1 美元出售的物品，都是想買正面評價的騙子一試身手的地方。小偷很容易花不到 1 美元買 10 件食譜或電子書（獲得一顆黃色信用評價星星）。沒錯，當一顆黃色星星才花你不到 1 美元，評價系統有何益處？[5]

▍監控無法根除所有騙局

詐欺長久以來一直是 eBay 的頭痛問題。根據國際數據資訊公司（International Data Corporation）發表的 2006 年報告，在 eBay 上出售的微軟品牌軟體半數以上是非法的。[6] 比較新的資料顯示，在 2010 年 8 月，該網站爆發一連串賣假 iPad 的案子。[7] 其他騙局甚至沒有買賣行為。例如，在所謂的「eBay 第二次機會騙局」下，競標失利的人會收到一封看起來像正式文書、彷彿來自 eBay 的電子郵件，表示賣家給予他們第二次機會去標贏物品。（eBay 事實上允許賣家提供第二次機會，但通知一定是透過一個叫做 eBay Messages 的 eBay 內部訊息系統發出。）如果買家點擊信上附的連結，然後填寫個人資料，他們的信用卡、身分資料就會被盜用。

　　eBay 也許可以運用監控力量根除一些騙局，像是第二次機會騙局。2010 年，SafeFromScams.com 網站報導，「每月送出的幾十萬封（第二次機會騙局）電子郵件」構成重大威脅。至少自 2004 年起，關於這個騙局的公開報導就一直沒斷過。[8] 第二次機會騙局，鑽的是 eBay 允許賣家與投標者通信的漏洞。這個設計原本出於善意，允許買賣雙方交流待售物品的資訊。但拍賣結束後，賣家就沒有正當理由與投標者在 eBay 官方管道之外溝通了。這麼做的賣家，若非想占投標者便宜（盜用他們的身分或從他們身上多榨一點錢出來），即是想占 eBay 便宜（避付賣家費用）。

　　所幸，eBay 只要成為用戶的「代理人」，就可以阻止非法的第二次機會邀約。例如，假設 eBay 發給在首次拍賣以第二高價落敗的用戶這封信：

感謝您參加 eBay 拍賣。雖然您沒有得標，我們還是希望您能認同在 eBay 上競標可以很便利（而且有趣）的找到價廉物美的產品。由於您是拍賣中第二高的出價者，所以我們想提醒您注意一些聲名狼藉的賣家在網站上使用的伎倆。（直到我們逮到他們，把他們踢出去為止！）他們會發一封電子郵件（並非透過 eBay Messages），提供您「第二次機會」去得標。這樣的電子郵件並不合規定，只要有一封信都會立刻構成凍結帳戶的理由。如果您收到這樣的電子郵件，請勿回

信。請轉寄給我們，我們會進行後續處理。因為有您的協助，我們才能使 eBay 成為一個安全可靠的地方，希望您和我們一樣喜愛這裡。祝競標愉快！

令人不解 eBay 為什麼還沒採取這種做法，也許 eBay 只是不想凸顯有詐騙的事實，生怕嚇跑用戶或引起媒體負面報導。然而，提供用戶在萬一碰到第二次機會騙局時可以採取的明確步驟，並含蓄地保證 eBay 會「逮到壞蛋」，實際上可以建立用戶的信心，相信 eBay 正採取主動態度防止用戶遭到詐欺。甚至這樣的努力如果獲得媒體報導，也可以實際強化品牌。

當然，eBay 確實在積極抓騙子，並與執法單位合作將最惡劣的騙徒繩之以法。例如，2010 年，一名亞利桑納州男子因為在 eBay 販賣價值幾十萬美元的盜版軟體而被判刑 21 個月；一個德州人因「按摩浴缸騙局」騙了 46 個顧客 191,000 美元卻不交貨，而被判刑 30 個月。[9] 其他案子的罪證不夠明確，eBay 頂多只能凍結嫌犯的帳戶。例如，2011 年 7 月，一位署名「BruntDog」的買家在 Stratocaster 牌電吉他愛好者論壇 Strat-Talk.com 敘述他的遭遇，他最近買了一把吉他，發現它已經「被淘空……唯一原廠部件是琴頸、調音器和琴盒。」他總算要回他的錢，但，唉呀，同一把吉他竟能重現江湖：

他不但沒有揭露說這不是 Stratocaster，還重登上次騙我的廣告！！所以 Strat-Talk 網友，請如對待瘟疫般避開這個賣家。我寫完這篇就要立刻去跟 eBay 檢舉這個物品和賣家。如果有人一起響應我會非常感激。我認為需要對這件事多施加一點壓力。以下資訊謹供參考：這個賣家很清楚知道這把吉他動過什麼手腳，承認並不是 Strat。我手上留有所有往來信件，這傢伙絕對是意圖要詐騙。[10]

　　BruntDog 終究沒有成功把這個賣家趕出 eBay。事實上，2012 年 10 月，當我上網查看時，這位賣家有傑出的 eBay 信譽，過去 12 個月獲得 99.6 分的正向評價。不過，有趣的是，他的少數負面評價與 BruntDog 的控訴不謀而合。例如，一位買家記述，「吉他送來時狀況奇特，他在照片中隱藏真相，真是夢魘。」而賣家對這個買家的回應是：「騙子！竟然說這把吉他是翻修過的，還要求退費 100 美元。說謊！這是報復！」另一人抱怨：「貝斯上裝了錯誤的琴頸，完全不能彈，而且賣家不退運費。」賣家的回應則是：「完全不正確，貝斯完好如新，從未修改，買家企圖詐騙。」

　　假如 BruntDog 能說服 eBay 把這個賣家踢出網站呢？即使如此，故事也不會結束，因為騙子永遠可以開一個新帳戶再試。確實，在 eBay 停權論壇中，有一個專門提供帳戶遭

eBay 凍結的用戶服務網站，幾十個有效的 eBay 用戶名稱在上面出售。例如，在 2012 年，花 250 美元可以買到「一個完全核實、銷售上限提高（100/$5,000）的美國 eBay 帳戶」，該帳戶「隨時可售」，有「至少兩個買家評價。」[11] 騙子要重返 eBay 很容易，光靠監控顯然不夠。

▌賣家詐欺與買家勒索

我們需要更深入的找出問題的根源，才能設計出解決方案來恢復 eBay 買家信任。畢竟，實體商店鮮少靠故意賣瑕疵產品或根本不交貨的商業模式來維持經營。原因顯而易見：想像你去一家錄影帶店買一張 DVD，但付錢之後，店員把你的嶄新 DVD 偷換成一張有刮痕的 DVD，當你親眼目睹這個詐欺行為，你一定氣壞了，接著大吵大鬧，干擾店裡的生意，並告訴所有朋友不要光顧這家店。

eBay 對市場的想像跟這個差不多，負面評價擔任「大吵大鬧」功能，鼓勵賣家不要欺騙。不過，eBay 與傳統零售商店至少有兩個主要差異，使得騙子更容易在 eBay 上行騙。首先，買家不知道去哪裡找騙子本人，以致於無法當面質問無恥的賣家或叫警察。再者，遠距商務的本質讓有些誤會在所難免。這種誠實的誤會為存心魚目混珠的不實賣家提供了掩護。

例如，在集郵界，集郵者可能真心對一張郵票是「優質」或「特優」有歧見。如果買家能親自檢驗郵票，這種爭執無關緊要，買家自會做出判斷，僅在價格合適時才買。但是，當值得收藏的郵票在網路上販售時，即使正當的賣家有時也會招致買家抱怨郵票「廣告不實」。有些不道德的買家以抱怨為手段，強迫賣家接受更低的價格，如果賣家不肯，則威脅會給予負面評價。這種「買家勒索」甚至可能讓正直的賣家獲得比無恥的賣家還多的負面評價。

下面說明這個現象會如何發生。首先設想一個完全誠實的郵票商，總是正確對她的郵票估價，並提供無懈可擊的服務。這種賣家鮮少獲得正當買家的抱怨，但當她拒絕不公平的降價時，卻會引起存心勒索的買家給出負面評價；再設想一個無恥的郵票商，一貫將「優質」郵票估價為「特優」，但隨時準備接受更低的價格來擺平任何有關品質的爭議。買家如果缺乏鑑定品質的專業知識，儘管付了不公平的溢價也不會抱怨。更內行的買家（及勒索者）會抱怨，但只要無恥的賣家順從他們的判斷，接受更低的價格，他們多半也不會送出負面評價。因此，總的來說，無恥的郵票商可以獲得更好的 eBay 信譽。

值得玩味的是，eBay 的買家勒索問題可能在 2008 年後加劇，這是 eBay 為了解決其他問題改變措施的非故意後果。在此之前，eBay 除了允許買家評價賣家，也允許賣家

評價買家。這種雙邊回饋自然會鼓勵買家和賣家互相報復，用負面評價來回擊任何給予他們負面評價的人。買家抱怨，這種報復阻止他們在遇到惡劣經驗後提供坦率的評價，缺乏坦率的評價，則允許無恥的賣家繼續在網路上猖狂。eBay從善如流，在 2008 年 5 月取消賣家給出負評的資格。

買家對此多報以喝采，其中一位在《網路巡邏》（*Internet Patrol*）雜誌的網站上讚揚：「幹得好，eBay……他們終於採取聰明的行動了。我總共拿過 4 個負面評價，4個全部是因為我提出坦率評價而報復我。」然而，報復威脅也提供賣家一些保護，以防存心勒索的買家。畢竟，賣家隨時可以用自己的報復威脅，來解除買家的勒索威脅：「請便，儘管給我負面評價。我也會給你負面評價，而且既然我絕不會讓步，我們只會落得共同撤回我們的負面評價。所以何必浪費時間？別煩我，去騙別人吧。」[12] 不出所料，賣家對他們失去防衛的能力十分沮喪。其中一位悲嘆：

此舉對誠實的賣家糟透了。不道德的買家比比皆是，他們會提出假損害賠償要求，或謊稱送錯貨、少送一項物品等等。有了新政策，不道德的買家可以勒索賣家，予取予求。[13]

▌ 恢復買家對賣家的信任

為了防止買家遭賣家詐欺，eBay 對任何使用 PayPal 第三方支付服務的人承諾：「如果你沒有收到物品，或物品與說明不符，eBay 買家保障計劃會賠償你的損失。」這種保障無疑有助於讓許多買家放心，否則他們可能因為擔心賣家詐欺而不使用 eBay。不過，eBay 的買家保障沒有完全解決賣家詐欺問題。

首先，如果賣家反駁買家的主張，則不保證賠償。在這種情形下，買家必須提出令 eBay 滿意的物品「與說明不符」的證據，但說來容易做來難。例如，假設買家買了一幅畫，結果發現是贗品，那麼買家要找專家鑑定畫是假的。萬一賣家提出相反的「專家證詞」（虛假地）保證畫是真跡，eBay 可能無法判斷誰說實話。此外，如果賣家宣稱產品自第一次運送後已損壞，eBay 賦予賣家「拒絕接受退貨」的權利。如果碰到這種情形，eBay 可能只對買家賠償部分損失。

一個更基本的問題是，由於 eBay 買家保障涵蓋所有接受 PayPal 支付的賣家，對於買家區分值得信賴的賣家與騙子幫助不大。甚至，就買家保障使買家產生安全的錯覺而言，它可能實際上導致網站出現更多騙局，因為騙子發現更容易引誘買家向他們買東西。（儘管如此，買家保障也給予 eBay 更多工具去抓騙子，因為處理更多透過 PayPal 支付，

使 eBay 取得潛在上可以用來發現騙子的資料。）

幫誠實賣家發出值得信賴的訊息

買家保障的訴求是在詐欺發生之後保護買家。更好的做法是在詐欺可能發生之前保護買家，引導他們向值得信賴的賣家購物。eBay 信用指數的目的就是用這個方式幫助買家，但如前所述，騙子也能維持卓越的信用指數。因此，卓越的 eBay 信譽不必然提供賣家是否值得信任的強烈或可靠的「訊息」。

在賽局理論中，「發訊息」（signaling）的意思是透過你做的選擇傳遞你的消息給他人。例如，辭掉你的工作和搬家，以便接近某個對你很重要的人，是你認真看待這份人際關係的清楚訊息，因為不認真看待人際關係的人，絕不會做這種犧牲。如果此人了解這點，則搬到別的城市可能實際上是一個明智之舉，因為它強迫你做出一個會透露你是否認真的選擇。同樣的，如果這樣做能讓誠實的賣家透過騙子絕對不會做的選擇，來發出他們值得信賴的訊息，那麼，給予賣家更多選擇會是 eBay 的明智之舉。

賣家沒有能力證明自己可以信任，這對新賣家是特別嚴重的問題，他們一開始的信用指數全都是零。只要買家避免新賣家，擔心被騙，誠實的賣家就很難吸引到足夠的顧客來

贏得好信譽。Google 的麥可·舒華茲（Michael Schwarz）
想出一個聰明、正在申請專利的點子，旨在破解這個雞生
蛋、蛋生雞的問題，辦法是：給予新賣家一個選擇，透過預
付佣金給 eBay 來提高他們的初始信用指數。[14] 在「舒華茲
機制」下，賣家日後可拿回這筆錢，但前提是他必須獲得足
夠的正向評價。

舒華茲機制的主要特點是，將信譽以金錢來衡量[15]，而
非只是計算正面和負面交易次數。具體而言，**信譽＝（付給
eBay 的正面交易佣金總額）—（負面交易的總交易金
額）**。此外，賣家可以在任何時間選擇預付佣金給 eBay，來
提高他們的信用指數。例如，某新賣家預付 $100 給 eBay，
於是他的信用指數從 100 點開始。假設這位賣家現在做了一
筆 100 美元的交易，佣金為 5 美元。如果賣家獲得正向評
價，eBay 不收任何佣金，賣家的信用指數維持在 100，賣家
儲存的預付佣金則減至 95 美元。[16] 如果賣家獲得負面評價，
eBay 會用交易的全部金額來扣除他的信用指數，從 100 一
路降到 0，因此實際上等於沒收他的 100 美元預付款。

在 eBay 的傳統信用評價系統下，「花不到 1 美元（騙
子可以獲得）一顆黃色星星」，反之在舒華茲系統下，累積
100 點的信用指數一定得花 100 美元。因此，任何做 100 美
元行騙交易的壞蛋，很可能會賠掉價值 100 美元的信譽，因
為被騙的買家會送出負面評價，將騙子的信用指數打掉 100

點。這個構想的妙處，在於騙子不再有誘因為了日後詐騙某人而累積他們的信譽，因為詐騙行為本身不再有利可圖。認識到這點，本來想使詐的賣家會選擇不詐騙，或乾脆離開 eBay。

舒華茲機制的主要缺點是，它假設一個運作適當的評價系統。如果買家從來不給負面評價，或如果誠實的賣家和不誠實的賣家同樣可能獲得負面評價，則信用指數仍缺乏傳遞誰值得信任的訊息。[17] 此外，由於增加買家評價的金錢價值，舒華茲系統本身可能使買家勒索問題變本加厲，從而破壞評價的正直性。特別是，知道負面評價會害賣家損失交易的全部金額，不道德的買家可能惡向膽邊生，去（譬如）謊報不存在的「損壞」和要求部分退款。[18]

所幸，還有其他辦法可讓 eBay 授權誠實的賣家發出他們值得信賴的訊息，又不會加重買家勒索問題。例如，假設 eBay 推出一個計劃，姑且稱之為「額外保證」。在此計劃下，賣家可以選擇賦予買家在收到商品幾日內無條件退貨的權利，並獲得全額退款扣除雙程運費。[19]（為了讓保證更堅定，退款可以信託 PayPal 保管，僅在買家不行使退貨權之後才歸還賣家。）

這計劃的設計是，提供額外保證的賣家絕不會從寄出瑕疵商品獲利。想想，獲得額外保證的買家如果收到瑕疵品會發生什麼事？為了獲得全額退款加上免運費，買家可能先在

eBay 的標準買家保障計劃下提出申訴。賣家也許可以反駁申訴以阻止退款，但透過額外保證計劃，買家仍有權要求無條件退貨。無論如何，可以期待買家一定會退回瑕疵品，因此騙子絕不會從詐騙交易中賺到一毛錢。

既然存心詐騙的賣家不可能在提供額外保證下獲利，買家可以安全地推論，凡是提供額外保證的賣家必然想要誠實交易，不論信用指數是多少。確實，一旦買家了解額外保證的策略重要性，他們可能在跟任何賣家做生意之前要求額外保證。這種實質上的必要條件對騙子的破壞性極大，他們會發現 eBay 是非常沒有吸引力的行騙場所，多數可能一走了之。

如果額外保證能這麼有效地連根拔除賣家詐欺，何不規定所有賣家都提供額外保證？[20] 對此，我們想想一些郵票商如果被迫提供無條件退貨的選擇會面對什麼問題。集郵界有一個普遍做法，論斤出售整批未分類的郵票（叫做「斤貨」，kiloware）。不誠實的買家收到斤貨後可以挑出裡面所有值錢的郵票，換成不值錢的郵票，然後整批退回，騙取退款。這種「退貨騙局」很難抓到和懲罰。[21] 因此我們可以期待，如果 eBay 規定斤貨買賣必須提供額外保證，退貨騙局將大行其道，甚至搞垮整個 eBay 的斤貨市場。

不過，提供額外保證可以幫助出售珍貴郵票的賣家。賣家詐欺對 eBay 上的集郵者是嚴重威脅，因此，誠實的賣家

真正需要傳遞他們值得信賴的訊息。如《澳亞郵票新聞》（*Stamp News Australasia*）記者格蘭・史蒂芬斯（Glen Stephens）2011 年 6 月的報導，「eBay 是一個極棒的集郵來源。它使人可以只花幾美元，就在全球市場找到千載難逢的郵票，尤其是有話題性／主題性的郵票……遺憾的是，騙子同樣發現它很方便，為了維護這個嗜好，我們有責任將騙子趕出去，維持市場的乾淨。」[22] 此外，出售優質郵票的賣家可以（原則上）確切記錄他們寄出的郵票，必要時可用來證明退貨騙局。這種被抓包的風險也許能阻止不誠實的買家作弊，因此提供額外保證對誠實的賣家是基本上不花錢的選擇。若能如此，則我們可以期待額外保證會被優質郵票交易廣泛採用，一方面增加誠實賣家的銷售量，同時把騙子驅逐出場。

▌恢復賣家對買家的信任

賣家詐欺最受媒體矚目，但買家勒索是更有害的潛在威脅。如果買家勒索變得太普遍，誠實的賣家會乾脆離開 eBay，轉到其他管道賣他們的貨品，讓所有誠實的買家也受害。賣家詐欺亦然，如果變得太普遍，誠實買家就不上 eBay 購物了，這傷害所有誠實的賣家。但這兩者還是有個重要區別，最惡劣的賣家詐欺相對容易證明，因為被騙的買

家持有廣告不實的商品，例如，當吉他迷 BruntDog 被騙時，那把假 Stratocaster 在他手中。如果騙他的嫌犯不肯全額退款，BruntDog 可以輕易升高形勢，甚至可以發動法律手段。

相反的，誠實的賣家基本上不可能證明買家騙局。例如，最近 eBay 刊登一座仍「完美運轉」、「8 天動力的 1787 年古董比利時落地鐘」，立即買價格 3,900 美元，引起我注意。[23] 一個無恥的買家可以利用下述的損壞做假計謀，勒索賣家接受更低價格：鐘運到後，買家打開它，取出幾個重要零件。接著買家把鐘帶去給一個專業鐘錶修理匠檢查，鐘錶修理匠會（1）紀錄鐘不能運轉，以及（2）提供一份書面估價單，載明修理費為（譬如）1,000 美元。然後買家貼負面評價，另外還向 eBay 申訴賣家詐欺，要求退款 1,000 美元以補償讓鐘再度運轉的成本。（當然，一旦錢到手，這個故事的買家不會真正修鐘，只會把失蹤的零件裝回去和保留現金。）

如果賣家不能舉出鐵證，證明這座鐘在運送時並沒有遺失任何零件，eBay 也許不願出手干預，移除買家的假負面評價。那麼，賣家唯一恢復名譽的途徑是自認倒楣，付錢給勒索者。此外，由於賣家不能貼自己的負面評價，買家以此伎倆勒索賣家並沒有任何風險。

消除用戶的報復能力

eBay 評價的一個基本特點是它可以改變，亦即買家可以拿掉或修改他們的負面評價。eBay 評價的目的，如創辦人皮耶·歐米迪亞（Pierre Omidyar）當初憧憬的，是給買家和賣家一個機會傳播他們的經驗。（「讓你的抱怨攤在陽光下。更好的是，讓你的讚美公諸於世，讓人人知道與其他人打交道多麼愉快。」）

問題是用戶已經劫持了評價系統，影響交易程序；他們用威脅給予負面評價的方式，脅迫交易夥伴滿足他們的要求。如果 eBay 用戶個個受到嚴格的道德規範，這還不至於太糟，因為負面評價的威脅通常出於正當理由，有恰當的要求。然而，我們已經看到，不道德的用戶對於合理正當範圍內的權益仍不滿足。不道德的買家用負面評價威脅來榨取不義之財，不道德的賣家（在給他們機會提出自己的負面評價時）則企圖壓制誠實買家的評價。

幸好有一個簡單的解決辦法：恢復賣家給買家負面評價的能力，但將評價機制改成「同步行動」賽局。換言之，強迫交易雙方在不知道對方給予什麼評價的情況下，提交自己的評價。以下是這個辦法的可能運作方式：

步驟 1：交易和私下溝通

　　只要交易維持「公開」，買家和賣家可以透過 eBay
Messages 私下溝通，提出任何顧慮並找出解決方法。不
過，他們不得在交易「結束」前提交評價。[24]

步驟 2：同步公開評價

　　一旦交易「結束」，買賣雙方有一段固定時間（譬如一
星期）提交評價。然後公開雙方的評價，此時評價變成不能
撤回也不能改變。

步驟 3：同步公開回應評價

　　然後買家與賣家各自有機會公開回應與他們有關的評
價。就向之前的評價一樣，先蒐集這些回應，直到一個事先
指定的時間（譬如，再過一星期）才揭露，此時它們會公開
在網路上，而且不能撤回。

　　這個方法有兩個主要特點：（1）雙邊評價，以及（2）
同步評價。[25] 允許賣家給買家評價是必要的，使買家勒索
較無吸引力（並協助 eBay 辨別勒索者）。例如，那位謊稱
鐘壞了的無恥古董鐘收藏者。在同步評價系統下，賣家為了
降低獲得負面評價的風險，可能仍覺得不得不向勒索者讓
步；然而，因為評價是同步提出且不能事後更改，賣家現在
可以安全地提出負面評價（「這個買家在詐騙我」），而沒有

評價報復的風險。[26] 此外，由於所有評價是在交易結束後才提交，賣家不能從指控買家中勒索獲利，自然給予這種指控一定的可信度。[27]

同樣的，同步評價使買家可以毫無顧忌地分享賣家的坦率負面評價，因為賣家不能用報復性的負面評價回擊買家。因此，同步雙邊評價有助於保護買家，防止賣家詐欺，恰如它保護賣家，防止買家勒索。

▌陌生人在網路上做生意更容易

皮耶·歐米迪亞懷著「使陌生人在網路上做生意更容易」的願景創辦 eBay。多做些設想，保護買家以防賣家詐欺，保護賣家以防買家勒索，可讓 eBay 更充分地實現這個願景。以 eBay 市場的深度和複雜度，找到一個徹底解決方案也許無望，尤其因為騙子永遠在想方法規避 eBay 的措施。不過，透過賽局理論的視角去看 eBay 社群，使我們能夠辨別不誠實的買家和賣家如何及為何能在網站上橫行。歸根結柢，eBay 評價和信譽系統的缺點可以歸咎到兩個主要策略因素：

1. **不對稱資訊**：eBay 買家不能分辨哪個賣家是騙子（即使卓越的信用指數也不足以證明你值得信任），eBay

賣家則不能分辨哪個買家會嘗試勒索他們。

2. **恫嚇手法**：擁有張貼和修改負面評價的能力，使不道
德的買家能夠勒索誠實的賣家。

　替買家解決資訊不對稱問題，需要（1）確保賣家的信
用指數真正反映他們的品質，或者（2）尋找信用指數以外
的方法讓賣家傳遞與他們品質有關的訊息。例如，提供額外
保證（如前述）是一個可能的途徑，讓賣家可信地傳遞出希
望進行無詐欺交易的訊息，因為任何人既提供額外保證，就
不可能從行騙中獲利。

　如何解決恫嚇手法？只要 eBay 用戶能夠給予負面評
價，不道德的用戶就能夠用給予負面評價來威脅。儘管如
此，eBay 可以利用「同步評價」系統，使交易雙方在提交
自己的評價前，不能觀察對方提交的評價，消除他們用負面
評價來威脅的能力。一旦喪失報復誠實受害人的能力，在
eBay 上冒充買家或賣家的不法之徒可望獲得更坦率的負面
評價，eBay 遂能比過去更有效地揪出他們。在詐欺行為被
發現的風險提高下，騙子有可能認定 eBay 不是一個能攫取
不法利益的行騙場所，因此離開網站。

案例 6
抗藥性大鬥法

　　清潔用品品牌沐浴護膚坊（Bath & Body Works）自詡
是「調配健康、美麗和幸福的 21 世紀藥劑師」，「以縱情芬
芳的享受革新個人清潔用品業」。的確，光是洗手乳一項產
品，它們就提供 40 種（驚人的多）不同香味，從「現採柑
橘」到「加勒比海世外桃源」，甚至是「暮光森林男性」。
沐浴護膚坊對這些肥皂的成分祕而不宣，2012 年 7 月它的
網站上僅列出「水、香味、蜂蜜萃取物」。但這些肥皂另外
還含有一個成分：三氯沙（triclosan），這是一種殺蟲抗菌
防腐劑，沐浴護膚坊因此可以給它的洗手乳貼上「抗菌」標
籤。

　　抗菌肥皂的訴求被大肆宣傳的概念是「臨床證明」它能
殺死 99％的細菌。可是，那剩下來的 1％細菌呢？它們想必
會存活和繁殖。因此可以自然推論，如果使用抗菌肥皂的人
夠多，殘餘的細菌會對抗菌劑發展出抗藥性，最後整個社會
的情況可能變得比肥皂從未添加抗菌劑時還要差。

　　當然，整個社會可能受害的說法並無法說服一般人拒用
抗菌肥皂。只要抗菌肥皂提供一點額外保護，消費者就有誘
因去買它。由此觀之，消費者似乎困在一個囚徒困境。每個

人有優勢策略買抗菌肥皂,但當大家都使用它之後,人人卻因為細菌的抗藥性增強而受害。

▌抗菌肥皂賽局

2007 年《臨床傳染病》期刊(*Clinical Infectious Diseases*)發表一篇調查報告指出,研究抗菌肥皂的科學文獻記載「在不同菌種中發現適應三氯沙、對抗生素有交叉抗藥性的證據」。[1] 更糟的是,抗菌肥皂「不比普通肥皂更能有效預防出現傳染病的癥狀,以及減少手上的細菌量」。確實,若要這種肥皂產生抗菌作用,它必須在手上停留至少 2 分鐘,沒有人會讓肥皂留在手上這麼久。因此,沒有人從含三氯沙的肥皂中獲得任何抗菌的好處。

抗菌肥皂沒用聽起來也許是個壞消息,但其實意味著消費者並未真正困在囚徒困境中,只要消費者知道抗菌肥皂不會提供額外的抗菌作用,他們就不再有誘因使用它。事實上,一旦消費者知道暴露在三氯沙下的潛在健康風險,他們實際上就會採取優勢策略不用抗菌肥皂。三氯沙早已被美國環保署列為管制的殺蟲劑,已經被證明會干擾青蛙和老鼠等動物的內分泌系統。[2] 此外,美國疾病控制與預防中心(Centers for Disease Control and Prevention)的國家生物偵測計劃(National Biomonitoring Program)對 6 歲以上美國人

所做的抽樣調查中發現，有 75％ 的人尿液中含三氯沙成分。[3]

這項科學證據，加上來自環保人士的持續壓力，已對政策造成顯著影響。2012 年 5 月，加拿大管制機構宣布三氯沙「毒害環境」，此舉將嚴格限制三氯沙在加拿大的使用。然而，美國食品藥物管理局（Food and Drug Administration）的立場卻是，「目前尚無三氯沙危害人類的證據。但自上次食品藥物管理局審查這個成分以來，有幾項科學研究陸續出爐，值得進一步檢討」。[4]

禁止三氯沙在美國使用，會不會解決問題？不幸的是，不會。沒錯，禁令會使三氯沙下架，但消費者對抗菌肥皂的需求仍然存在。如果說有什麼差別，則是消費者可能更加信任新的替代品，認為不論什麼都會比三氯沙安全。但新成分很可能研究得不夠透徹，潛在的危險更大。畢竟，由於食品藥物管理局的管制者只禁止已知有危險的產品，那麼，就算是不明成分，只要還沒出過事，廠商都樂於採用。

基本上，今天消費者安全管制環境的問題是，它只不過是美其名的「打地鼠」遊戲，管制機構扮演運氣不佳的打擊者，屢打不中，因為總是瞄準上次地鼠鑽出來的地方。[5] 所幸，透過賽局理論的眼光來看這個問題，會揭露改變賽局及改善消費者保護法規的方法。

但在我們設計解決方案之前，有必要更深入了解問題。

為什麼有些廠商會在肥皂中添加抗菌劑，不在乎實際上達不到真正抗菌作用，甚至可能製造新的健康風險？原因很簡單：消費者喜歡。消費者被灌輸幾十年的錯誤教條，認為細菌是敵人，必須消滅。沐浴護膚坊之類的公司提供「抗菌」系列產品，只不過是回應消費者的要求，目的在追求最大利潤。禁止三氯沙不會改變這件事，唯一真正的解決方案，是改變消費者的需求。

首先，管制者可以改變產品標示方式。目前廠商可以將含三氯沙之類抗菌劑的產品貼上「抗菌」標籤，但是將三氯沙摻進產品未必抗菌，就像把一對翅膀黏在某樣東西上未必會飛一樣。關鍵在產品怎麼被使用。在洗手的例子，即使梅約診所（Mayo Clinic）也只建議人們洗 20 秒鐘，[6] 三氯沙卻需要在手上停留至少 2 分鐘才有抗菌效果。這表示，充滿三氯沙的洗手皂注定在產生殺菌作用之前就被水沖走。既然這些肥皂不提供真正的抗菌作用，標示為「抗菌」就是混淆視聽，甚至誤導。因此主管機關如食品藥物管理局及聯邦貿易委員會可以合理介入，對抗菌肥皂及其他號稱「抗菌」但不能防止細菌的產品好好進行管制。

其次，一個可信的第三方可以教育消費者哪些產品提供真正的抗菌作用。此類宣導活動已成功在其他產業使用。例如，改變乳牛畜牧方法幾十年來，導致對殺蟲劑、生長荷爾蒙和抗生素更加依賴。僅僅 2011 年，美國家畜就被餵了

2,990 萬磅的抗微生物藥，約是美國人服藥量的 4 倍，[7] 主要目的是為了讓健康動物加速生長。這個普遍在飼養家畜時濫用藥物的做法，已為凶險的超級病菌創造生長環境，新的超級病菌接二連三出現，似乎永無止境。最新的一種是大腸桿菌的抗藥菌株，「置 800 萬婦女於難以治療的膀胱炎風險。」[8] 更糟的是，由於所有細菌都能交換 DNA[9]，任何菌株，就算起初對人類無害，它們發展出來的抗生素抗藥性，最後都能循各式途徑，再侵入人體。

為了回應消費者對畜牧業濫用藥物的顧慮，美國農業部創造新的「有機牛奶」類別，定義是來自純粹吃有機飼料、不曾服用人工合成荷爾蒙、也不曾施打某些抗生素的乳牛。有機牛奶現在是超市的主力商品。同樣的，給予促進人類生物群落（human biome）健康的產品「生物安全」（Safe Biotic）標章，可以教育消費者哪些產品有利於個人和社會全體的生命健康，並刺激對此類產品的需求。

「生物安全」標章也提供廠商一個誘因，只在產品中添加對生物群落最健康的成分。即使沐浴護膚坊最後也可能[10]追隨大廠商如高露潔—棕欖（Colgate Palmolive）和嬌生（Johnson & Johnson）以身作則的領導，前者的 Softsoap 系列產品自 2011 年 1 月起已不含抗菌劑，後者在 2012 年 8 月「訂立目標逐步淘汰美妝與嬰兒護理產品中的三氯沙」，包括 Aveeno、Neutrogena 和 Lubriderm 三個牌子。[11]

拉長抗菌戰線

有些專家說我們正倒退到前抗生素時代。不，這會是後抗生
素時代……後抗生素時代，實際上等於告別我們所知的現代
醫學，喉嚨發炎或小孩膝蓋擦傷等尋常問題可能再度致命。
——世界衛生組織總幹事陳馮富珍，2012 年

　　抗菌肥皂引發的抗藥性恐怕還是最溫和的例子。這說明
了一個令人憂心的全球趨勢，對治療大部分細菌性疾病的抗
生素，細菌已經逐漸產生抗藥性。想想結核病吧，1800
年，歐洲死亡病例有將近 25 ％是這個所謂的「癆病」造
成，它又稱「消耗症」，因為在沒有治療下，這個病會消耗
活人生命。

　　結核病是真正可怕的疾病，甚至可能是吸血鬼傳說的靈
感來源。當村莊爆發一連串結核病致死事件後不久，社區中
其他人往往也開始日漸消瘦。村民把原因歸咎給最近死亡
者，認為他們從墳墓裡爬出來吃活人。當死者被挖出來時，
村民常發現他們嘴角淌血，更令人深信吸血鬼的傳說。[12]

　　結核病在 1946 年喪失了殺傷力，那一年，科學家發現
造成這種病的細菌「結核分枝桿菌」，不敵一種叫做鏈黴菌
的真菌所產生的抗生素攻擊。不幸的是，誤用這種抗生素會
導致結核桿菌產生抗藥性，甚至發展出抗多種藥物的結核菌
株，而且它們已經變得很普遍。印度甚至傳出有些菌株可能

「完全抗藥」的消息，[*]也就是對所有已知的抗生素都具備抗藥性。[13]

這個消息特別糟糕，因為想要逆轉對抗生素的抗藥性相當困難。美國微生物學會研究員丹·安德森博士（Dr. Dan Andersson）解釋：「如果減少使用抗生素，抗藥性也許能夠逆轉。不過，有幾個演化作用會穩定抗藥性[14]，包括補償性演化（compensatory evolution，減少與抗藥性相關的弱點）……及抗藥性標記（resistance markers）與其他選擇標記之間的基因連鎖或聯合選擇（co-selection，使喪失抗藥性的代價變大，因為細菌會因此失去其他優勢）。」[15] 特別是，萬一完全抗藥性「穩定化」，就安德森博士所描述，則完全抗藥性菌株可能永遠不會演化回對抗生素敏感的狀態，也就是說，即便全世界的醫師停止一切抗生素療法也無濟於事。

這樣的預期發展太可怕，難怪科學家日以繼夜努力尋找新的治療策略。例如，一個構想是利用一種叫做噬菌體（bacteriophages）的濾過性病毒，選擇性地只殺不怕抗生素

---

[*] 直到 2012 年 12 月，世界衛生組織（WHO）尚未指明新的印度菌株為完全抗藥性，因為它們對一些藥物的抗藥性尚未證實。儘管如此，這些菌株已知對「兩種主要和最有效的抗結核藥 isoniazid（異菸鹼醯肼）和 rifampin（RIF，立汎黴素），及最有效的二線藥具有抗藥性，包括 fluoroquinolones（氟喹諾酮類），但是「針對幾種藥物，包括 cycloserine（惠絲菌素）及 ethionamide（ETO，乙硫異煙胺）的化驗結果仍不明」（引自世界衛生組織結核控制部主任及英國皇家醫師學會會員馬利奧·拉維廖內博士（Dr. Mario Raviglione）的私人信函）。

的細菌。[16] 但細菌也能發展出對病毒的抵抗力，因此就算這種革命性療法，前途也可能很有限。的確，由於細菌非常擅長發展策略來抵抗任何攻擊，很多醫界人士似乎已經放棄希望，接受抗藥性會不可避免的存在。但一切還是有希望的，**最近因為基因檢測方面的科技進步，已為我們對抗疾病的賽局創造新的策略選擇，有可能逆轉抗生素的抗藥性，從而一勞永逸地馴服細菌性疾病。**

　　尋找抗生素抗藥性的對策，最先和最重要的步驟，是改變我們對疾病的思考方式，採取賽局理論的眼光來看它。我們通常把疾病看成人與病魔之間的競爭（例如，她正在跟流行性感冒搏鬥），這個觀點忽略賽局的一項基本因素。沒錯，疾病是一場殊死戰，但最激烈的戰役卻發生在產生疾病的各種菌株之間，它們個個奮力搶奪在引發該病的整體細菌群落中的優勢地位。每一種菌株的成敗（是否獨霸群落或逐漸減少以至滅絕）取決於它在三個相關賽局的表現：

1. **感染賽局**：該菌株能否通過人類免疫系統？（在此賽局獲勝叫做「感染性」。）
2. **傳染賽局**：該菌株能否散播自己到新的宿主？（在此賽局獲勝叫做「傳染性」。）
3. **治療賽局**：該菌株能否熬過藥物治療，而有餘力繼續散播？（在此賽局獲勝叫做「抗藥性」。）

圖 27　疾病賽局

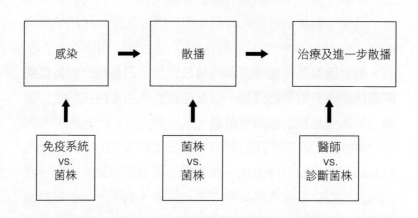

　　圖 27 清楚顯示抗生素抗藥性升高的策略邏輯。假設兩種菌株有同樣的感染性（在感染賽局）和同樣的傳染性（在傳染賽局），但只有一種菌株有抗生素抗藥性（在治療賽局）。該抗藥性菌株較可能在治療後存活，使它獲得在疾病賽局的整體優勢。因此可以預期，抗藥性菌株生長更快，最後將支配細菌群落。（當然，抗藥性菌株未必總是最後贏家。如果敏感性菌株的感染力、傳染力高於抗藥性菌株，則敏感性菌株仍可能打敗抗藥性菌株。）

　　圖 27 也指出減緩或甚至逆轉抗生素抗藥性升高的方法：只要能改變其中一個（或全部）賽局，使抗藥性菌株相對敏

感性菌株處於劣勢即可。

▌逆轉不穩定抗藥性：改變感染賽局

　　人體免疫系統是防禦疾病的第一道防線，也是對抗完全抗藥性病菌的唯一防禦工事。有鑑於此，由疾病控制與預防中心、食品藥物管理局、國家衛生研究院及其他九個聯邦機構共同組成的「美國抗微生物抗藥性跨部會任務小組」（Interagency Task Force on Antimicrobial Resistance，ITFAR）致力於「協助疫苗的開發，以預防抗藥性病原體，如金黃葡萄球菌、結核分枝桿菌、困難梭狀桿菌、腸道病菌及奈瑟氏淋病雙球球菌」。[17]

　　除了提供直接保護，疫苗或許也能降低抗藥性菌株在治療階段享有的優勢，有助於逆轉抗生素抗藥性。為什麼呢？假設一種疫苗被開發出來，能預防一種疾病的所有菌株。[18]由於人體免疫系統增強，這種疫苗能讓許多被感染的病人不需要藥物治療，就能擊退疾病。由於藥物服用得較少，抗藥性菌株在治療賽局享有的優勢也隨之減少。[19]如果那些菌株的抗藥性「不穩定」，亦即，如果抗藥性菌株的感染性或傳染性低於敏感性菌株，那它們將在整體細菌群中處於劣勢。只要抗藥性不穩定，我們就能期待抗藥性菌株數目逐漸減少，或許甚至「自願」繳械，拋棄它們的抗藥性，演化回

復到它們最初對藥物敏感的狀態。

　　儘管如此，疫苗並不是萬靈丹，若要有意義地擊退抗藥性，全球都必須施打疫苗。只要世界上有一處未施打疫苗，就不能預防抗藥性菌株，該菌株的抗藥性就隨時可能穩定化，到這個地步，它就可能對人類有實質永久的威脅。而且隨著穩定抗藥性病原體的種類愈來愈多，我們依賴疫苗保護的疾病清單也將愈來愈長。萬一這些穩定抗藥性病菌的數目變得太多，它們可能像城門口的野蠻人，遲早攻破我們的防禦網。

　　因此，儘管在對抗疾病的戰爭中，疫苗永遠是重要的前線武器，我們仍須另覓一個致勝的長期策略來對付抗生素抗藥性。所幸，即使沒有疫苗，最近在疾病診斷和治療方面的發展已經提供其他選擇，來逆轉抗生素抗藥性。

▎逆轉罕見抗藥性：改變治療賽局

　　如果醫師知道病人的病抗拒一種藥，但對另一種有反應，醫師一定會開更有效的藥。遺憾的是，在實務上，醫師經常必須在不知道病人的病對什麼藥敏感的情況下決定開哪一種藥。原因很簡單：像結核病這樣的細菌性疾病，可能需要兩個星期才能培養出足夠的樣本來測試敏感性。沒有一個醫師能等那麼久才開藥。因此，所有醫師傾向於開同樣的一

線抗生素，也就是似乎對大多數病人最有效的抗生素，這卻給了抗藥菌株在策略上的優勢。

雖然出於善意，這個習慣做法卻創造刺激菌株對一線抗生素產生抗藥性的潛在條件。當然，萬一這種抗藥性真的出現又廣為散布，一線抗生素就不再有效了，如果真是如此，醫師自然會改開次佳的「二線」藥物，這又為那些抗生素的抗藥性創造出線的條件。如此循環到最後無藥可用。[20]

改變這個循環的唯一辦法，是賦予醫師能儘快診斷病人疾病對藥物敏感性的工具，要像診斷疾病一樣快。好消息是，隨著近年來基因檢測技術的進步，這種迅速診斷藥物敏感性的能力終於出現了。2012 年 7 月在舊金山舉行的第二屆世界感染症高峰會，熱門話題是分子診斷公司謝菲爾德（Cepheid）開發的基因檢測疾病新方法。謝菲爾德的 GeneXpert 系統不用培養細菌，直接在生物樣本中尋找標靶 DNA 鏈，不須分離或培養細菌就能判斷檢體中特定菌株是否存在。

這個新技術讓醫師除了診斷疾病，還首度能診斷疾病對藥物的敏感性（直接判斷該用哪種藥最有效）。2011 年 4 月，食品藥物管理局核准謝菲爾德的 Xpert Flu 上市，這種診斷「可在大約 1 小時內同時偵測和區分 A 型流感、B 型流感和 2009 年爆發的 H1N1 流感病毒」。[21] 但結核病呢？該公司於 2009 年推出 Xpert MTB/RIF 檢測盒，之所以取這

個名字，因為它同時偵測結核分枝桿菌（MTB）[22] 及對抗生素 rifampin（RIF）[23] 的抗藥性是否存在。此外，由於世界衛生組織協助快速技術轉移，包括開發中國家和歐盟等地已經有 70 個國家擁有 Xpert MTB/RIF 檢測能力。[24]

類似 Xpert 檢測盒的產品是醫師強大的新工具，因為可以讓他們更有效地瞄準一種疾病的部分抗藥性菌株施藥。這有助於在治療賽局中創造公平的競爭環境，但仍有些條件限制。首先，謝菲爾德是一家營利公司，當然要收診斷檢測費，這不是人人負擔得起，尤其在世界上較貧困的地區。因為深知讓 Xpert 檢測進入開發中國家的重要性，一個由國際藥品採購機制（UNITAID）撥款、世界衛生組織支持的團體，包括美國總統的緊急愛滋援助計劃（PEPFAR）、美國國際開發總署（USAID），以及比爾與美琳達．蓋茨基金會等，於 2012 年 8 月宣布與謝菲爾德簽定協議，「將 Xpert MTB/RIF 檢測盒的價格從 16.86 美元降至 9.98 美元，直到 2022 年都不漲價」。[25] 這是很棒的消息，因為這讓更多印度、中國及其他地方的醫師有機會更迅速地診斷出結核病的抗藥性菌株。

不過，Xpert MTB/RIF 只偵測對 rifampin 的抗藥性，標準的一線治療法其實是幾種藥物混合的雞尾酒療法（rifampin 加 isoniazid、pyrazinamide〔吡嗪醯胺〕和 ethambutol〔EMB，乙胺丁醇〕）。因為不知患者感染的菌株

是否對這些藥物有抗藥性，會使有效治療複雜化。我們想像一個結核病人被診斷出有 rifampin 抗藥性，只要其餘一線藥物對大多數 rifampin 抗藥性病人有足夠效力，醫師自然傾向於開其他那些藥的雞尾酒處方。這種療法雖對只抗 rifampin 的菌株有效，卻容許抗多種一線藥的菌株繼續保有優勢。因此，到頭來，若只檢測對 rifampin 的抗藥性，也許不足以阻止結核病趨向多重抗藥性的趨勢。

要解決這個問題，我們必須開發更多診斷工具來偵測對其他結核藥的抗藥性。遺憾的是，開發這類新診斷工具對一家像謝菲爾德這樣的公司沒有多少利潤動機。謝菲爾德已經有一個產品在市場上，Xpert MTB/RIF 檢測夠好了，好到可以被廣泛採用。儘管患者和醫師無疑正期待一種更好的檢測工具，但不知他們是否負擔得起更多費用，尤其在結核病最盛行的貧窮國家。因此，從謝菲爾德的立場看，開發檢測其他疾病的分子診斷技術來增加營收可能更符合效益；儘管謝菲爾德若能集中力量發展更精準的武器來對抗我們最頑強的敵人，對人類貢獻可能會最大。

為便於討論起見，假設謝菲爾德不受任何這類限制，能夠提供一個負擔得起的檢測工具來診斷對所有已知抗生素的敏感性。光靠這樣一個完美的診斷工具，能否幫助醫師完全阻止抗生素抗藥性升高趨勢？恐怕不能。沒錯，醫師將能夠比過去更有效地瞄準和殺死敏感性和部分抗藥性的菌株。但

那些對已知抗生素都有抗藥性的「完全抗藥」菌株怎麼辦？
在缺乏有效的抗生素療法下，唯一阻止完全抗藥性菌株繼續
傳播的方法是堅壁清野，採取下述的「偵測＋隔離」策略：

1. **偵測：**用快速分子診斷工具如謝菲爾德的 GeneXpert
   系統，檢測每個病患的抗藥性。
2. **隔離：**若測出增強的抗藥性，就隔離病人，直到他／
   她的病不能再傳播。

當然，唯有完全隔離，才能確保完全抗藥性菌株不繼續
傳播。但萬一完全抗藥性已充分散布，要隔離所有確診患有
完全抗藥性菌株的病患也許就變成窒礙難行了。

因此，總的來說，即使有完美的 GeneXpert 診斷，能否
阻止完全抗藥性病例增加，仍須看此病已經盛行到什麼地
步。只要完全抗藥性仍屬相對稀少，完全隔離它到足以消除
抗藥菌株原本在治療賽局享有的優勢也許可行。確實，因為
在治療之後，敏感性菌株起碼還有一些傳播能力，完全隔離
所有確診的完全抗藥性病例，可使抗藥性菌株在治療賽局中
輸給相對敏感性菌株。因此可以期待，**如果 GeneXpert 檢
測法擴展得夠快，涵蓋更多種藥物的抗藥性，在這類抗藥性
變得太盛行之前，普遍採用 GeneXpert 系統甚至可以逆轉
完全抗藥性。**

　　但如果完全抗藥性盛行到某個程度，超出醫療基礎設施隔離它的能力，就無法只靠治療來阻止抗藥性菌株取得對疾病的「壟斷」。儘管謝菲爾德的 GeneXpert 診斷系統是疾病治療賽局的「賽局改變者」，光憑它本身可能不足以打敗世界各地的抗藥性問題。甚至，由於 GeneXpert 讓醫師能比過去更神速地消滅敏感性菌株和部分抗藥性菌株，若廣泛採用這個系統，反而可能使問題惡化，加速助長細菌的完全抗藥性 [26]，尤其特別要擔心那些無法發動有效隔離計劃的開發中國家。

　　所幸，有能力迅速診斷細菌是否容許藥物治療，甚至在抗藥性散布太廣而無法有效隔離的地方，用其他方法來改變疾病賽局，潛在上仍能力挽狂瀾，逆轉完全抗藥性。特別是，有能力在幾小時內診斷藥物敏感性，不必像過去要等幾天或幾星期，這讓醫師有了新的策略選擇；新式診斷系統不但影響了疾病的治療，也影響了病菌的傳播。

▌逆轉廣泛抗藥性：改變傳染賽局

　　當你洗手時，你在改變傳染賽局，使所有細菌更難傳播給你。此類防止傳染的措施降低疾病的整體負擔，它們對疾病的所有菌株同樣有效。但如果被一種抗藥性菌株感染（或有感染風險）的人受到比別人多的保護，使之無法傳播（或

接收）疾病呢？如果真是如此，則可以讓抗藥性菌株在傳染階段時處於劣勢，最後使細菌群被敏感性菌株接管。這個觀點，啟發下述的「偵測＋搜索」策略：

1. **偵測：**用快速分子診斷工具，如謝菲爾德的GeneXpert系統，檢測每一個病人的抗藥性。
2. **搜索：**若測出抗藥性增強，則發動一場流行病學調查，辨別和檢測所有（在家庭、學校、職場等）可能染病的人，並採取措施，減緩傳播或加快診斷，以縮短這些人的傳染空窗期（transmission window）。如果發現其他人有抗藥性疾病，繼續搜索可能從他們那裡感染到疾病的人。

例如，假設一名學童被診斷出有某種疾病的高度抗藥性菌株。為了扭轉形勢，使該菌株處於劣勢，可以派出團隊到這個孩子的學校去診斷受感染的學生，甚至在疾病尚未進展到傳染階段前，提供抗生素治療（叫做預防劑）來防止未感染的學生染病，並限制已感染者的傳染力。[27]

如果所有學生都參加這個「偵測＋搜索」計劃，抗藥性菌株潛在上可在學校內被斷然阻止，不過，全員參加並不是必要條件。[28] 如果部分學生不願接受篩檢及預防，後續傳染速度仍會比無人參加計劃慢一些。因此，只要敏感性菌株

未面對同樣的密集預防性偵測和治療，這些敏感性菌株將擁有優勢，並緩慢但確實增加它在整個細菌群的比例，或許能發展到使抗藥性菌株在細菌群落裡被消滅的地步。

▌戰勝碳青黴烯大腸桿菌

1992 年，有些醫院開始發現對碳青黴烯（Carbapenem）有抗藥性的抗碳青黴烯類腸桿菌屬（carbapenem-resistant Enterobacteriaceae）病例，這種桿狀細菌（包括著名的大腸桿菌）是許多常見疾病如沙門氏菌腸炎的病因。碳青黴烯是一種重要的藥物類型，是治療許多細菌感染的「最後一線抗生素」。因此，可以想像，這種細菌很容易致命。實際上的感染致死率高達 40％至 50％。更糟的是，抗碳青黴烯類腸桿菌屬很難根除，尤其在醫院的環境中，細菌很容易透過共用設施、共用儀器等散播。此外，隨著病人轉院，或從急症區轉到慢性病區，幾年下來，這種桿狀細菌已經輾轉散播到愈來愈多家醫院，遍布全世界。

幸好，由於採取積極手段阻斷抗碳青黴烯類腸桿菌屬的傳播，有些醫院已能將這些細菌從設施中根除。在以色列，遏制抗碳青黴烯類腸桿菌屬散播的努力已成功提高到國家層次。[29] 美國疾病控制與預防中心希望能複製以色列的成功經驗，並對此保持樂觀。2012 年 6 月，美國疾病控制與預

防中心頒布給各醫院的防治抗碳青黴烯類腸桿菌屬指導原則
建議可以歸納為下述的「偵測＋隔離＋搜索」策略：[30]

1. **偵測：**辨別醫院中的抗碳青黴烯類腸桿菌屬病例。
2. **隔離：**一旦確認，患者移出一般人群。[31]
3. **搜索：**檢測每一位有感染風險的病人，包括所有在流
   行病學上與患者有確定連結的人。

這個防治策略結合本章前面討論的兩個主要逆轉抗藥性
的概念：[*]（1）一旦診斷出抗藥性疾病就隔離，奪走抗碳青黴
烯類腸桿菌屬在治療賽局中的優勢；及（2）預防性檢測和
治療有風險的病人，使抗碳青黴烯類腸桿菌屬在傳染賽局中
居於劣勢。

乍看這兩個戰術，隔離似乎是最重要的一個。畢竟，將
患者移出一般人群，意味控制細菌不會到處趴趴走，感染更
多人。這是事實。不過，抗碳青黴烯類腸桿菌屬的檢測並不
完美，[32] 因此一定有些細菌成了漏網之魚。只要抗碳青黴
烯類腸桿菌屬繼續擁有繁殖優勢，加上它們對醫院常用的抗

---

[*] 我在 2012 年夏天設計「偵測＋隔離」和「偵測＋搜索」兩個策略來逆轉抗生素
抗藥性，並不知道美國疾病控制與預防中心剛頒布給醫院的根除抗碳青黴烯類腸
桿菌屬的指導原則，該原則基本上是這兩個概念的綜合體。如美國疾病控制與預
防中心醫療相關感染預防計劃副主任阿瓊・斯里尼瓦桑（Arjun Srinivasan）後來
在秋季給我的信中所言：「希望這表示我們都走對方向。」

生素有抗藥性，即使零星而「散漫的」抗碳青黴烯類腸桿菌屬，最後也能成長至遍布整個醫院的大怪獸。

　　搜尋和檢測總人口中有風險的病患會改變這一切。例如，感染過抗碳青黴烯類腸桿菌屬的病人，再發病的風險很高；所以他們一到醫院，立刻施予檢測，可使對碳青黴烯有抗藥性的菌株，相較於未受同樣初步篩檢的敏感性菌株，更難從外面侵入醫院。同樣的，檢測每個曾接觸過患者的人（室友、共用一個潛在受汙染機器的病人等等），也將使抗藥性菌株比敏感性菌株更難在醫院內傳播。

　　只要針對抗碳青黴烯類腸桿菌屬的干預做得夠積極，即使在未隔離的總人口中，也能期待抗碳青黴烯類腸桿菌屬處於相對敏感性菌株的整體劣勢；這個劣勢如果維持夠久，將造成抗碳青黴烯類腸桿菌屬在整個醫院的細菌群落中逐漸減少，最後甚至滅絕。

▍對抗廣泛抗藥性結核病菌

　　2005 年，一組研究員在耶魯大學醫學院教授尼爾・甘地（Neel Gandhi）率領下，到達南非夸祖魯—納塔爾省（KwaZulu-Natal）一所「資源有限」的鄉村醫院，去記錄抗藥性結核病的流行程度。[33] 542 名被診斷患有開放性肺結核的病人中，有 221 人攜帶「多重抗藥性」結核病菌（multidrug resistant，MDR），對兩種最強的一線藥 isoniazid 和 rifampin 有抗藥性。此外，這些多重抗藥性患者中有 53 人實際上攜帶「廣泛抗藥性」（extensive drug-resistant，XDR）結核病菌，這意謂他們染患的菌株也對多種二線藥物有抗藥性。[34] 不幸的是，這些廣泛抗藥性結核病人在甘地團隊確診後，只有 1 人存活超過 1 年，其餘 52 人的存活中位數僅 16 天。

這個罹患廣泛抗藥性結核病的致命性足以嚇壞任何人，但它在醫院內傳播之容易更是可怕。甘地和他的同仁想了解他們觀察到的病菌流行起源，於是仔細追蹤每一個患者的接觸史。結論是：大多數患者是在醫院裡感染到這個病，包括 6 名醫療照護人員。不幸中的大幸是，這些病患病得太重，沒有機會把身上的病菌傳播到其他醫院。但這只是時間問題，遲早會出現另一型、稍微不致命一點的廣泛抗藥性結核病，既能（1）在醫院內散播，又能（2）隨著患者去多家醫院看病而跨院散播。

要防止疫情升高，可以取法戰勝抗碳青黴烯類腸桿菌屬的經驗。恰似醫院能夠用「偵測＋隔離＋搜索」的策略控制（甚至根除）腸狀桿菌，我們也許也能控制（或許甚至根除）廣泛抗藥性的結核病菌，方法是，實施一個積極計劃：（1）偵測誰攜帶病菌，（2）防止那些病人在診斷後散播疾病，及（3）迅速檢測那些有可能從患者感染到的人。儘管

如此，仍有幾個重要的策略差異，很可能使廣泛抗藥性結核病菌成為比抗碳青黴烯類腸桿菌屬還難打敗的敵人。

挑戰 1：診斷

廣泛抗藥性結核病菌至今沒有容易的診斷方法。Xpert MTB/RIF 檢測雖讓我們能迅速偵測出對 rifampin 的抗藥性，其他治療結核病的抗生素抗藥性仍無法迅速偵測。遺憾的是，rifampin 抗藥性已經相當普遍，隔離所有 rifampin 抗藥性病人不切實際，特別是結核盛行區的資源並不充裕。因此，僅靠 Xpert MTB/RIF 檢測，似乎不大可能讓「偵測＋隔離＋搜索」策略成功。

要克服這困難，需要開發負擔得起的檢測工具，以迅速診斷對 rifampin 以外其他藥物的抗藥性。幸運的是，我們不需要檢測對所有抗生素的抗藥性，只要慎選幾種即可。例如，假設有一種檢測法被開發出來，能偵測對兩種最有效的一線藥 rifampin 及 isoniazid 的抗藥性（這兩種抗藥性的結合是日益嚴重的問題），及對最有效的二線藥 fluoroquinolones 的抗藥性（這種抗藥性仍相對罕見），但對其他抗生素無抗藥性。

這種檢測法將結核菌株分成三個基本類別：（1）對 rifampin 或 isoniazid 敏 感 的 菌 株；（2） 抗 rifampin 及

isoniazid，但對 fluoroquinolones 敏感的菌株；（3）對這三種抗生素都有抗藥性的菌株。第一類可用只含一線藥的雞尾酒療法有效治療，第二類可用二線藥有效治療。至於第三類，醫師可隔離疾病（同時也嘗試用抗藥性仍未知的其他藥物來治療）。在每一個例子，醫師可用這三類藥物檢測法來辨別有效的治療，或是至少阻止疾病傳播的方法，毋需知道它對其他結核病藥物的敏感性。

這個辦法最大的潛在缺點是，一旦對 rifampin、isoniazid 及 fluoroquinolones 的聯合抗藥性變得太普遍，醫師可能無法隔離所有第三類病人。這是為什麼必須將細菌抗藥性仍屬相當罕見的藥物（在這例子是 fluoroquinolones）納入檢測組合的緣故。如此一來，這組缺乏明確療法的病人可以被有效隔離，不致給醫院及其他地方醫療資源造成太大壓力。

挑戰 2：先發制「病」

結核病這麼難對付的原因是在症狀引起醫界注意和治療之前，通常有一段漫長的「傳染空窗期」。這表示，當一名結核患者出現在醫院時，他多半已有充分機會讓很多人接觸到病菌。不僅如此，那些人可能也已經將病菌傳給更多人。這使得「偵測＋搜索」策略很難搶先一步防止疾病傳播。的

確，若要有意義地減弱疾病傳播，也許研究團隊有必要辨認出被病患感染的人，還要辨認被那些人感染的人等等，以此類推。

所幸，這件事不像乍聽下那麼不切實際。2012 年 11 月《科學》期刊發表一篇文章，談「高通量基因定序」（high-throughput genetic sequencing）如何允許鑑識流行病學家（forensic epidemiologist）追查感染者從誰傳染，以及他們可能傳染給誰，等於繪出一個在醫院內爆發流行病的整個傳播網。[35] 至少原則上，這個方法也可以應用在更廣大的院外社區。

挑戰 3：缺乏有效方法預防抗藥性菌株

在最佳措施標準下，給予結核病人家屬 isoniazid 藥，以減緩病菌在接近結核患者的人之間散播。這種預防性療法雖然使許多人免於被對 isoniazid 敏感性菌株感染，對抗藥性菌株卻無效。[36] 這個措施除了給予抗藥性菌株在治療賽局（醫院內）的優勢外，還使它在傳染賽局（醫院外）擁有優勢。更糟的是，對於那些有感染抗藥性疾病風險的人，醫界尚未發現任何有效的預防性療法。[37]

缺乏有效方法預防高度抗藥性疾病，對任何「偵測＋搜索」策略都是一個挑戰，因為它使得阻止抗藥性疾病在確定

有罹患風險的人之間傳播更加困難。幸好還有其他方法可以減少傳播。無國界醫師組織的海倫・考克斯醫師（Dr. Helen Cox）解釋：「主要是教育，告訴人們結核病的傳染性和咳嗽衛生的重要性，加上分房睡的安排。也鼓勵病人在擁擠和密閉環境中戴口罩，照護人員則提供 N95 型口罩。」[38] 在「偵測＋搜索」策略的脈絡中，投入更多資源去控制那些有感染抗藥性結核病風險者之間的傳播，即使沒有任何抗生素可以預防這個病，這些措施卻是能置抗藥性菌株於劣勢的有效方法。

挑戰 4：不勞而獲問題

結核病和抗碳青黴烯類腸桿菌屬不同，常在醫院外傳播，流傳至整個區域，甚至全球。因此，沒有一家醫院可望憑一己之力，對廣泛抗藥性結核病的全面流行造成多大影響。再者，即使醫院能集體對付廣泛抗藥性結核病，它們可能也缺乏足夠的個別誘因去做這件事。每家醫院都面對如何分配有限資源的困難決策。實施有效的「偵測＋搜索」策略來防治廣泛抗藥性結核病，必須成立傳染病打擊團隊，派遣這種團隊所費不貲。[39] 選擇承擔這些成本的個別醫院，可能造成自己的照護品質降低，對廣泛抗藥性結核病的全面流行卻只有極小影響。

　　事態如此，自然可以期待醫院優先照護自己的病人，讓別人去擔心疾病的全面抗藥性。確實，談到對抗廣泛抗藥性結核病，我們可將醫院看成處於囚徒困境，每家醫院的優勢策略是不派遣任何傳染病打擊團隊到院外。但隨著廣泛抗藥性結核病被放任更自由地散播，會使每家醫院皆受害。

　　解決這個囚徒困境最自然的辦法是「卡特爾化」（見第三章），由權威第三方如美國疾病控制與預防中心或印度的衛生與家庭福利部來領導。（世界衛生組織也可以扮演重要角色，提供有關最佳措施的指導給國家衛生機構，很像美國疾病控制與預防中心在對抗腸狀桿菌的戰鬥中頒布指導原則給各大醫院。）這些組織已有控制感染性疾病的實戰經驗，只要給予足夠資源和公共支持，便能組織、訓練和部署整批必要的傳染病鬥士，去打贏遏止抗藥性升高的戰爭。

▎公共衛生的長期戰役

　　如果公共衛生當局不採取迅速或強烈的行動，完全抗藥性的細菌蔓延全世界，這會怎樣？已開發世界數千人甚至數百萬人可能再度死於肺結核等這類可怕疾病；較貧窮地區的人群則要面對比今天還嚴峻的公共衛生危機。但即使到了那個地步，亡羊補牢也不嫌晚。只要一些敏感性細菌仍在流傳，任何時候我們都可以採取以打擊傳染病為目標的立場，

去擊退抗藥性疾病的流行。那將是一場更長久和更艱難的戰爭，但如果堅持到最後，我們仍可能獲勝。但願我們不會走到那一步。在抗藥細菌仍然罕見和最脆弱的時候，我們就截斷它朝著全面抗藥性發展的路；在打敗疾病抗藥性還相對容易時，我們應該把握得勝的機會。

賽局意識的勝利

　　扭轉情勢的賽局贏家案例強調賽局理論的力量，但大家應該注意到了，它們包含的正式分析其實很少；每個案例的大部分篇幅都是盡可能讓讀者充分了解眼前賽局。那也是我準備這些案例時，為了追求更全面的賽局意識，而投入了絕大部分時間做的事：檢視每一個我能想像的資訊來源，研讀相關的科學文獻，並請教專家以彌補我的知識不足，我甚至參與線上論壇（如 eBay 停權論壇），去了解參賽者對賽局的真正想法。

　　當然，假使不做這樣的準備，我還是能寫出一套賽局理論模型並「解決」它，但若如此，我的建議將不值得一提。同樣的，當你應用從書上學到的東西，首先應該花時間去「了解你不了解什麼」，然後盡所能填補空白。最後，盡可能將策略計劃設計得夠健全，適應任何殘餘的不確定因素。如此一來，你將自在享用賽局理論提供的強大策略優勢。

　　但若你根據一個不切實際的簡化賽局，來設計你的策略，你可能陷入大麻煩。例如，美國國防部副部長保羅‧沃爾福威茨（Paul Wolfowitz）在眾議院預算委員會作證時表示，在 2003 年美國入侵伊拉克之前：「很難想像，要穩定後

海珊時代的伊拉克局勢所需武力，比作戰時取得海珊禁衛軍及他的軍隊投降還要多，這真是很難想像。」更好的想像力，也許能幫我們的領導人了解，我們在後海珊時代的伊拉克所將面對的真正賽局。若有此了解，他們也許會為穩定該國終究必須進行的戡亂行動，做更好的準備。

幸好，培養你的賽局意識，自然也會增加你的想像力，使你能在賽局中避免類似危險。反之，缺乏賽局意識的人，仍易於陷入策略陷阱，包括其他參賽者設下的圈套。「孫臏復仇記」說的是缺乏賽局意識的參賽者（龐涓）面對更有賽局意識的仇人（孫臏）的不幸下場。

案例：孫臏復仇記

齊威王問，「以一擊十，有道乎？」
軍師孫臏回答，「有。攻其無備，出其不意。」
——孫臏（死於西元前 316 年），孫臏兵法

孫臏是中國戰國時期偉大的軍事戰略家，他比他更出名的祖先孫子*晚了約百年。孫臏的宿敵是魏國元帥龐涓，魏國是當時最強大的邦國。兩人原本是莫逆之交、「結拜兄

---

* 有人認為孫子（孫武）是古今中外最偉大的軍事戰略家，他的經典名著《孫子兵法》至今仍是軍事學院的教材。多年來，學者懷疑孫臏是虛構人物，也懷疑孫臏寫過兵法。但 1972 年，研究者重新發現《孫臏兵法》，內容與《孫子兵法》不同，並以孫子（據推測更早）的著作為基礎。

弟」和隱士鬼谷子門下的同窗。但當兩人一同擔任魏惠王的
軍師時，龐涓背叛孫臏，誣陷他叛國。魏王判處孫臏「臏
刑」，在他臉上刺字，並砍斷他的雙足。他以殘疾之身度過
餘生。

　　龐涓的如意算盤是保留孫臏性命，套出孫臏的軍事知
識，直到編成一本書。孫臏知道他必須逃亡，於是裝瘋，甚
至不惜在龐涓把他關入豬圈，來測試他是否真瘋時，歡天喜
地吃動物糞便。龐涓未能察覺孫臏可能裝瘋，逐漸放鬆警
戒，之後孫臏逃到敵對的齊國，在那裡延續他的事業生涯。

　　幾年過去，到了西元前 354 年，孫臏嘗到他的第一次復
仇滋味。龐涓率領強大的魏國軍隊圍困趙國首都邯鄲，趙國
向齊國求救。孫臏未如龐涓預期的馳援趙國，反而直驅攻打
魏國首都大梁。此舉強迫龐涓放棄圍困趙國，兼程趕回保衛
自己的國王。孫臏的部隊於途中埋伏，在桂陵之戰重挫龐
涓。[1]

　　孫臏在桂陵的勝利，依賴於龐涓想不到孫臏會選擇不保
衛盟友，反而攻打龐涓的首都。如果龐涓曾料到這個可能
性，他只要留一小支後衛部隊保衛京城，就可以輕易化解孫
臏的策略。（這支後衛部隊只需守住城池一小段時間，足以
讓龐涓返回和攻擊孫臏的圍城部隊就行了。）但龐涓並未留
下後衛，被迫倉促回國，並因為慌忙，輕易中了孫臏埋伏。

　　孫臏復仇的最後一幕，甚至比第一幕還甜美。在另一次

完全可以避免的魏軍潰敗（馬陵之戰）之前，孫臏在埋伏地點砍倒一棵樹，橫放路中央，樹幹上刻著「龐涓死於此樹下」幾個字。然後部署一萬名最精銳的弓箭手在路的兩旁，命他們保持警戒，並說，「天黑後，當你們看到火炬亮起，一齊放箭。」該夜當龐涓抵達時，他注意到樹幹上刻了字，於是點起火把看仔細。火炬一亮，齊國弓箭手萬箭齊發，箭如雨下，魏軍驚恐萬分，四處奔逃。

　　意識到已走投無路，龐涓選擇引劍自刎，傳說他在死前大呼：「讓豎子成名了！」確實，他成就了孫臏萬古功名。至今孫臏仍是有史以來最偉大的戰略家之一，全因為他時時刻刻睜大眼睛留意，洞察一切可能性。

▎ 請張開眼睛看！

盲目無知確實誤導我們。喔！可憐的凡人，張開你的眼睛！
　　——達文西

　　如同任何有巨大價值的事物，並不容易擁有賽局意識。它是一種必須不斷培養和維護的習慣，僅僅靠閱讀不會讓你達到你需要的覺悟程度。因此，在讀完這本書後，請你練習。不斷練習，直到你在每一件事、每一個地方都看到賽局，從國會殿堂到你家附近雜貨店的走道，請睜亮眼睛仔細洞察！

誌謝

我絕不可能只靠自己寫這本書。

首先，我必須學會張開眼睛，觀察賽局的世界。為此，我由衷感激教導我做為一名賽局理論家意義的朋友。他們為數眾多，無法一一列舉，但我要特別提出其中五位，他們的慷慨、仁慈和才智長久以來一直激勵著我：Jeremy Bulow，我念研究所時的第一位良師益友，也是我在聯邦貿易委員會的主管；我的論文聯合指導教授 Bob Wilson 和 Paul Milgrom，我認為在不久的將來你將聽到他們榮獲諾貝爾獎；兩位更有潛力的諾貝爾獎候選人 Susan Athey 和 Bob Gibbons，他們在許多場合指導、忠告和鼓勵我。

這本書有豐富的例子，很多是我聽別人講的。我的學生 Yacine Amrani 告訴我塔里克將軍何以是最早的焚船者；「香菸廣告禁令」、「蜥蜴的天擇賽局」及「鬥嘴夫妻賽局」的基本概念得自康乃迪克大學經濟系 Mikhael Shor 教授多年前慷慨借給我的授課筆記；「大學招生和大學理事會」源自與哈佛大學甘迺迪政府學院 Chris Avery 教授的討論；杜克大學商學院 Leslie Marx 教授告訴我囚犯變執行長康諾·桑默的故事，出現在第六章注釋中；「壅塞的急診室困境」源自

我開的賽局理論課程期末作業，完成這份作業的學生小組成員為 Alex Kerr、Blake Lloyd、Dan Reese 及 Sarah Schiavetti；我的學生 Takuya Sato 告訴我「孫臏復仇記」裡的桂陵之戰和馬陵之戰。

　　儘管我一再強調謙卑的重要性，但這本書談到應用賽局理論在現實世界卻膽大妄為。我膽敢解決各種領域的真實策略問題，包括一些我起初只知皮毛的領域。幸運的是，許多專家幫忙填補我的知識不足，並確保我把焦點牢牢放在「真正賽局」上。我對這些人士感激不盡，他們的意見加深我對幾個應用的分析，雖然有些最後並沒有放進書裡，但我仍想對他們增進我的理解表達謝忱。（當然，如有任何錯誤或疏漏，責任完全在我。）

- **終結被輕忽疾病修正案**：杜克大學商學院 David Ridley 教授告訴我 NanoViricide 公司的故事；BIO Ventures for Health 的 Andrew Robertson 和 Rianna Stefanakis 指引我研讀他們紀錄假性狂犬病毒傳播途徑的報告。
- **電話勸募**：《彭博新聞社》的 David Evans 提供評論並提出問題，促成更謹慎的募款卡特爾利弊分析。
- **房仲的「專業」建議**：芝加哥大學經濟系史蒂芬‧李維特教授及芝加哥大學商學院查德‧希沃森教授幫我改進書上他們對房仲業研究的討論，Urban Durham

Realty的Courtney James則提供內行的房仲業者觀點。

- **壅塞的急診室困境：**耶魯大學醫學院急診醫學系蓋爾‧杜諾費里奧教授、美國疾病控制與預防中心 Leonard Paulozzi 博士及史丹福大學醫學院精神病學系安娜‧蘭柏基教授分別與我分享急診醫療實務，以及更廣泛的處方藥流行病的寶貴事實和觀點。杜克大學商學院 Bill Boulding 和 Rick Staelin 教授指引我研讀他們最近的病人滿意度研究，北卡大學醫學院急診醫學系賽斯‧葛利克曼教授則分享雙法洛士在北卡醫院試點計劃的初步結果。

- **拉抬 eBay 信譽的方法：**史丹福大學經濟系 Jonathan Levin 教授要我注意幾個與我的構想一致的 eBay 創舉，如詳盡賣家評級，Google 的麥可‧舒華茲則告訴我他正在申請專利的線上信譽系統。eBay 研究室的成員也讀了這一章的初稿，研究室負責人寫信告訴我說：「你引起我們的注意。」但不提供任何評論。以 eBay 研究團隊之人才濟濟，包括當代最好的應用賽局理論家 Steven Tadelis，我非常好奇他們在開發什麼方案，來解決賣家詐欺和買家勒索問題。

- **抗藥性大鬥法：**在討論謝菲爾德的 Xpert 系統那節，世界衛生組織結核防治部主任馬利奧‧拉維廖內博士提供大量協助給並糾正我對疫苗、結核病傳染與預防

的幾項誤解。美國疾病控制與預防中心醫療相關感染
預防計劃副主任阿瓊‧斯里尼瓦桑博士告訴我美國抗
微生物抗藥性跨部會任務小組計劃，並強調我的標靶
接觸追蹤概念與美國疾病控制與預防中心最近頒布的
對抗醫院內抗碳青黴烯類腸桿菌屬指導原則的相似
性。杜克大學醫院醫療微生物學和受藥性檢測專家
Maria Joyce 博士讓我注意 Xpert 系統。巴黎第六大學
生物安全中心資深分析師 Kunal Rambhia 幫助我領會
疫苗的局限性，並提醒我注意細菌接合作用的風險。
我在杜克大學感染病學系的研討會上提出了構想，出
席者也提供有益的評論。

· **城市反暴動作戰（本書未討論）**：美國陸軍少校 Neil
Hollenbeck 教我很多反暴動的知識，從原理到每一個
層級的行動，從步兵班到師，以及美軍指揮官的態度
及他們與伊拉克和阿富汗當地治安單位的合作關係。
（Neil 也設計全書使用的報酬矩陣的「外觀」。）

· **狗兒策略的崛起（本書未討論）**：狗如何從狼變成狗
是一個令人著迷的策略演化故事，或我應該說，狗與
人的共同演化故事。普林斯頓大學生態與演化生物學
系 Bridgett von Holdt 教授、加州大學洛杉磯分校生態
與演化生物學系 Robert Wayne 教授及雷德福大學鑑
識學院 Darcy Morey 教授幫助我了解最近考古學家在

印度和中國發現的基因證據，並更進一步幫助我領會犬科動物演化的豐富性和微妙之處。

· **以牙還牙的穩定性（本書未討論）**：密西根大學公共政策學院羅伯‧艾克塞洛德教授指點我，以牙還牙在參賽者的策略易受隨機誤差影響時的有效性之研究結果，隨機誤差是策略演化的一個重要考量。

這些專家在他們的領域都是領導者，原以為這些專家不會回答來自經濟學者的冒昧電子郵件。他們的慷慨和樂於助人令我震驚。

當然，最衷心的感激是對我的家人。我的妻子 Lesley 在我創作此書的幾個月打理一切，遑論還獨力照顧一個新生兒，並不時把我從一些天馬行空的想法拉回現實。我也要謝謝我的編輯 Jack Repcheck 引導我「走出老師／學生心態」，及眾多朋友和同事對部分原稿提供評論，還有 W.W. Norton 出版社的整個團隊使這本書能夠出版。

最後，我要預先謝謝我的讀者，你們運用賽局理論來改善工作、家庭、生活的故事鼓勵著我。（請上 McAdamsGameChanger.com 網站分享這些故事。）

我寫這本書時，抱持著賽局理論是一股強大的改革力量的信念，現在請你證明我是正確的。

北卡羅來納州杜倫市

2013 年 6 月

各章附注

▌自序：用賽局策略改變人生

1. Raymond W. Smith, "Business as War Game: A Report from the Battlefront," *Fortune*, September 30, 1996.

▌前言：培養賽局意識，掌握未來

1. 引自諸葛亮的《便宜十六策》。一般認為諸葛亮是三國時期最偉大的策略家，以傑出的學者（寫過軍事經典名著如《三十六計》和《兵法祕訣》）、發明家（發明世界第一顆地雷和至今仍是日常食品的饅頭）、軍事統帥和政治家聞名。

2. Martin Kihn, "You Got Game Theory!," *Fast Company*, February 1, 2005.

3. 關於運用賽局理論的管理顧問公司，見 www.gametheory.net/links/consulting.html 所列的的部分清單。（除非另有說明，這一條及其他注釋提到的網站在 2013 年 4 月 30 日都能成功連進。）

4. "How Companies Respond to Competitors: A McKinsey Global Survey," *McKinsey Quarterly*, May 2008.

5. Tom Copeland is the author, with Vladimir Antikarov, of *Real Options: A Practitioner's Guide*（Cheshire, UK: Texere, 2001）.

6. http://www.gallup.com/poll/1645/guns.aspx.

7. 西班牙在「烏得勒支和約」（Treaty of Utrecht）授予這個特許權，作為英國在西班牙王位繼承戰爭中加入反對法國－西班牙統一的勝利聯盟條件。

8. Peter Temin and Hans-Joachim Voth, "Riding the South Sea Bubble," *American Economic Review*, 2004 有一個迷人的贏家個案研究，C. Hoare and Co. 是一家初出茅廬的西區銀行，在南海泡沫獲利超過 2 萬 8,000 英鎊。

9. 例如，能預測另一個交易員必須出售的交易員，常採取「掠奪性交易」，強迫需款孔急的交易員接受更大的虧損。見 Markus Brunnermeier and Lasse Pederson, "Predatory trading," *Journal of Finance*, 2005。掠奪性交易有助於解釋為什麼 J. P. Morgan 在 2012 年 5 月信用違約交換協議發生 20 億美元交易損失，之後在 7 月上修至 58 億美元。

10. 米勒以其他開創性工作榮獲 1990 年諾貝爾獎，布萊克因為過世無緣獲獎。

11. 這段引語摘自 Roger Loewenstein, *When Genius Failed: The Rise and Fall of Long-Term Capital Management*（New York: Random House, 2000）.

12. Ariel Rubinstein, "A Sceptic's Comment on the Study of Economics," *Economic*

Journal, 2006.

▌第一章：創造誘因，讓對手許下承諾

1. 直布羅陀（Gilbraltar）是從 Jabal Tariq（「塔里克之山」）衍生的西班牙語。

2. 塔里克很可能沒有燒艦隊的另一個理由是：艦隊是非洲盟邦的禮物。因此燒艦隊是不符塔里克性格的不智之舉，尤其因為他只要讓船隻掉頭返航就可以達到同樣效果。

3. Hwajung Oh and Adrian Taylor, "Brisk Walking Reduces Ad Libitum Snacking in Regular Chocolate Eaters During a Workplace Simulation," *Appetite*, 2012.

4. 信不信由你，「兩個自我」的說法是相當標準的經濟學。數十年來，經濟學家一直在努力理解人為什麼習慣做出只會達成限制自己選擇的承諾效果。一個先進的理論是「雙自我模型」（dual self model）。這個獲得心理學和神經科學證據激勵和支持的模型提到，我們每個人其實有兩個自我：（1）衝動的自我，自動控制時時刻刻的行動；（2）比較冷靜的自我，必要時可以挺身而出取得控制權。衝動的自我易受誘惑影響，冷靜的自我更能抗拒誘惑。不過，行使控制會讓冷靜的自我疲倦，因此行使控制的時間愈久，實際上愈難控制自己。這個模型幫忙解釋許多不同的現象。例如，為什麼酗酒者會把家裡的酒倒掉？如果他們能鼓起意志力把酒倒掉，他們肯定有足夠力量抗拒只喝一小口的誘惑？不，除非意志力「像肌肉一樣」。所以在疲倦、軟弱的時候，他們會喝酒。預期到這一點，酗酒者承諾不喝酒，或至少強迫自己必須花更多功夫去買酒是有道理的。見 Drew Fudenberg and David K. Levine, "Timing and Self-Control," *Econometrica*, 2012, presented as the Fisher-Schultz Lecture at the 2010 World Congress of the Econometric Society.

5. Ian Ayres and Barry Nalebuff, "Skin in the Game," *Forbes*, November 13, 2006.

6. "Microcomputers Catch on Fast," *BusinessWeek*, July 12, 1976.

7. 這是經過大量濃縮版本，vixen25 的原文登在 http://community.homeaway.com/thread/3381。實際上，vixen25 的真正麻煩是在假期結束之後，屋主拒絕退還 500 美元押金，並用卑鄙手段讓 HomeAway 刪除 vixen25 的抱怨。（根據 vixen25 的說法，屋主提議如果 vixen25 撤除她的抱怨，就退還押金，當她同意時，叫她白紙黑字寫下來。而 vixen25 寄出電子郵件聲明「一旦你退還我的押金，我就撤除我的負面評論」後，屋主將信轉寄給 HomeAway，聲稱 vixen25 企圖勒索。於是 HomeAway 刪除抱怨，但屋主從未退還押金。）

8. http://www.elliott.org/blog/vacation-rental-scams-are-a-growing-problem.

9. Airbnb 的系統也保護屋主以防無恥的房客。首先，Airbnb 的信譽系統允許屋主提供對房客的評價，幫助屋主辨認（和不租給）可能只住一晚，然後提出不實抱怨的霸王房客。其次，Airbnb 居中處理屋主與房客之間的所有支付，這允許

Airbnb 限制屋主討價還價的彈性。這個做法阻止無恥的租客以取消付款或負面評價的威脅來施壓屋主接受較低的租金。「買家勒索」在其他網站是一個問題，例如 eBay 媒合買賣雙方，但不介入支付程序。（更多關於 eBay 的討論見扭轉情勢的賽局贏家案例 5：拉抬 eBay 信譽的方法。）

10. Geoffrey Fowler, "Airbnb Is Latest Start-Up to Secure \$1 Billion Valuation," *Wall Street Journal*, July 26, 2011。到了 2012 年 9 月，Airbnb 的市值估計已達 20 億美元；見 Alyson Shontell, "Airbnb Raising \$100 Million at a \$2 Billion+ Valuation," SFGate. com, September 27, 2012.

11. Ty McMahan, "HomeAway's CEO Talks IPOs & Airbnb's Valuation," *Wall Street Journal*, October 13, 2011.

12. 電子遊戲機製造商花費巨額的研發成本，開發新的遊戲系統。一旦這些成本變成「沉沒成本」，就算售價低到不能賺回全部成本，遊戲機製造商仍有誘因繼續銷售它們的系統。

13. 2001 年任天堂跟進推出遊戲機，但 GameCube 慘敗，全球只賣出近 2,100 萬台。2006 年，任天堂改弦易轍，以 Wii 打下利基，Wii 甚至不企圖迎合遊戲機迷。儘管將遊戲機市場拱手讓給 PS2 和 Xbox，任天堂的 Wii 在 2012 年第一季的累進營收已超越索尼和微軟。

14. 參賽者的得失可以包含許多因素，包括「社會觀感」，例如他／她是否做得比其他參賽者「好」，他／她及其他參賽者是否表現「公平」等等。參賽者不被認定只關心自己。相反的，「得失」的概念被界定為涵蓋參賽者重視的一切，包括同情。

15. 我們會在後面看到，兩個參賽者都獲得他們第三好的結果，而不是第二好的結果，這是所有囚徒困境賽局的共同特點。

16. 這段引言綜合下述文章的摘要和前言，並略做編輯：Richard H. McAdams, "Beyond the Prisoners' Dilemma: Coordination, Game Theory, and Law," *Southern California Law Review*, 2009.

17. 這些脫離囚徒困境的路徑自然互相結合和彼此強化，例如，卡特爾的成功可能依賴成員的報復能力，你我互相信任可能因為我們之間有關係，及／或我們有關係是因為我們信任彼此，以此類推。不過，每一條逃生路徑在概念上有些不同。

▌關鍵概念 1：行動時機

1. O. G. Haywood, Jr., "Military Decision and Game Theory," *Journal of Operations Research Society of America*, 1954。圖 5 和圖 6 源自 Haywood 的文章。

2. Kate Snow, "Obama, Clinton Ditch Press for Secret Meeting," *ABC News*, June 6, 2008.

3. 結果麥坎陣營只花了很少時間調查這位最後被挑中的副總統候選人，莎拉・裴林。麥坎堅稱，再多調查也不會改變他的決定，但無論如何，麥坎倉促決定所引發的觀感，肯定無助於他的選情。

4. 訊息干擾是（通常是刻意的）藉由降低雜訊比（signal-to-noise ratio），傳送阻礙通訊的信號。例如，極權政權經常審查外國電台節目，在同一波段放送自己的強烈訊息，把它不喜歡的訊息淹沒在一大堆噪音中。

▍第二章：引入管制，改變參賽者的利益得失

1. 「公共資源」是一個不恰當的名稱，因為這些問題的真正議題是無節制的使用，而非資源是否共有。有時候相對於國家、國際管制或私有財產制，社區可能最適合對可耗竭的資源進行有效控制。見 Elinor Ostrom, *Governing the Commons: The Evolution of Institutions for Collective Action*（New York: Cambridge University Press, 1990）.

2. 哈佛大學似乎在美式足球的普及化中扮演最核心的角色。首先，哈佛是第一所採用受英式橄欖球影響的攔截規則，它在一場與加拿大 McGill 大學的跨國比賽中學到這種比賽方式，後來成為現代足球賽的特徵。哈佛也是這個運動早期的熱烈推廣者，早在 1904 年就蓋了一座有 3 萬多座位的球場 Soldiers Field。

3. 羅斯福就讀哈佛大學時，正逢美式足球發展初期，有近身觀察經驗。確實，他大一那年親眼目睹史上第二屆哈佛—耶魯足球賽。（哈佛敗北。）見 John J. Miller, "Teddy Roosevelt Becomes a Football Fan," *National Review Online*, April 12, 2011。更多關於早年的足球和羅斯福的角色，見 John J. Miller, *The Big Scrum: How Teddy Roosevelt Saved Football*（New York: HarperCollins, 2011）.

4. 全美大學體育協會成立的宗旨是終止足球場上最惡劣的暴力，但現在它扮演更廣泛的角色。關於大學運動經濟學與全美大學體育協會的角色，見 Cecil Mackey, "College Sports," Chapter 11 of Walter Adams and James Brock, eds., *The Structure of American Industry*, 9th edition（Englewood Cliffs, NJ: Prentice Hall, 1995）的優秀分析。

5. US Senate, Consumer Subcommittee of the Committee on Commerce, "Cigarette Advertising and Labeling" hearing, 91st Congress, 1st Session, July 22, 1969.

6. 這些例子取自《時代雜誌》2009 年著名香菸廣告回顧：http://www.time.com/time/magazine/article/0,9171,1905530,00.html.

7. 就此而言，廣告禁令大部分是成功的。下一個重大的香菸管制行動出現在 1996 年，食品藥物管理局取得管制菸草產品的職權。

8. Christopher Lydon, "Ban on TV Cigarette Ads Could Halt Free Spots Against Smoking," *New York Times*, August 16, 1970.

9. James L. Hamilton, "The Demand for Cigarettes: Advertising, the Health Scare, and the Cigarette Advertising Ban," *Review of Economics and Statistics*, 1972。

10. 因為菸草公司每買一則廣告，電視台就必須播兩則反吸菸宣導，電視台自然向菸草公司收取比其他客戶更高的廣告費。意即，反吸菸的公益廣告，最後是由菸草公司埋單。

11. 在美國，吡喹酮是最普遍的貓狗驅蟲藥，雖然售價遠高於它一劑才幾分錢的成本。例如，透過免費電話 1-800-PET-MEDS 購買拜耳製藥廠的 Drontal Plus 驅蟲藥，每劑售價是 14.99 美元。

12. 詳情請見 "Accelerating Work to Overcome the Global Impact of Neglected Tropical Diseases: A Roadmap for Implementation," World Health Organization, 2012.

13. "Merck Serono to Raise Donation Tenfold to Eliminate Worm Disease," Merck press release, January 30, 2012.

14. Michael Regnier, "Neglected Tropical Disease: The London Declaration," Wellcome Trust blog, January 31, 2012，內容可見 http://wellcometrust.wordpress.com/2012/01/31/neglected-tropical-diseases-the-london-declaration.

15. 優先審查券可在公司之間買賣，因此可以預期優先審查券可以被有最大機會的新藥，但排在候審隊伍最尾端的藥廠買下。最早提出優先審查券概念的是杜克大學經濟學者 David Ridley, Henry Grabowski 及 Jeffrey Moe 三人，發表在 2006 年《健康事務》（*Health Affairs*）期刊上一篇〈為開發中國家發展新藥〉（Developing Drugs for Developing Countries）的文章。堪薩斯州共和黨參議員 Sam Brownback 學到這個概念，不久後便與俄亥俄州民主黨參議員 Sherrod Brown 共同提出跨黨派法案。

16. 莫西菌素目前用來治療動物的心絲蟲和腸道蠕蟲，但尚無可供人類使用的配方。更多關於這種藥及其他充滿希望的發展，見 Andrew S. Robertson, Rianna Stefanakis, Don Joseph, and Melinda Moree, "Analysis of Neglected Tropical Disease Drug and Vaccine Development Pipelines to Predict Issuance of FDA Priority Review Vouchers over the Next Decade," BIO Ventures for Global Health, 2012.

17. http://www.businesswire.com/news/home/20110222005851/en/NanoViricides-Presented-anti-Dengue-Hermorrhagic-Fever-Studies-Dengue.

▌關鍵概念 2：策略演化

1. 達爾文的兩個主要理論：影響個體的天擇，以及影響關係的性擇。對於了解策略演化都關係重大。此處所談的是天擇。關於性擇的精彩討論見 Matt Ridley, *The Red Queen: Sex and the Evolution of Human Nature*（New York: HarperCollins, 1993）。

2. Adam Davidson, "The Purpose of Spectacular Wealth, According to a Spectacularly Wealthy Guy," *New York Times*, May 1, 2012.

3. http://press.collegeboard.org/sat/faq, accessed December 19, 2012.

4. Jenny Anderson, "A Hamptons Summer: Beach, Horses and SAT Prep," *New York Times*, August 13, 2012.

5. 2011 年，19 歲的 Sam Eshagoff 代替不同的學生考了 16 次 SAT 與 ACT，每次收費約 2,500 美元。見 "The Perfect Score: Cheating on the SAT," *60 Minutes*, January 1, 2012.

6. 全國公平公開測驗中心（The National Center for Fair and Open Testing）列出所有「可隨意提供 ACT/SAT」的四年制學院和大學，這意思是申請這些學校不需要 ACT 或 SAT 分數，至少對一些學生而言。見 http://www.fairtest.org/university/optional。在《美國新聞與世界報導》2012-13 排行榜上，前 10 所文科學院中，只有 Bowdoin（第 6 名）是可隨意提供 ACT/SAT 的學校，前 50 名「全國大學」中，只有 Wake Forest（第 27 名）和德州大學奧斯汀分校（第 46 名）出現在 2012 年 9 月可隨意提供 ACT/SAT 的名單上。（其他高排名學校如紐約大學〔第 32 名〕和 Middlebury〔第 4 名〕也出現在名單上，但它們只接受能提供替代性成績如 AP 測驗的學生。）

7. 一位大學招生處長解釋，有更簡單、更有效和完全合法的方法給公布的 SAT 分數灌水：「改採可隨意提供 SAT 政策。學生既然不必提交 SAT 分數，只會在分數高時才提交。」見 Daniel de Vise, "Claremont-McKenna SAT scandal: More at stake than rankings?" *Washington Post* blog, February 7, 2012.

8. 另一個憂慮是大學本身舞弊，近年有幾所大學被抓到偽造學生的 SAT 分數。Baylor 付錢給已經錄取的學生去重考 SAT（2008 年被發現）；Iona 謊報錄取率、SAT 分數、畢業率和校友捐款（2011 年）；Claremont-McKenna 灌水 SAT 分數和班級排名（2012 年）；Emory 灌水 SAT 分數達 10 年以上（2012 年）。見 Richard Perez-Pena and Daniel Slotnik, "Gaming the College Rankings," *New York Times*, January 31, 2012；及 Laura Diamond and Craig Schneider, "Emory Scandal: Critics Doubt College Rankings," *Atlanta Journal-Constitution*, August 26, 2012。《美國新聞與世界報導》最近宣布，即使將它們捏造的數字更正，Claremont-McKenna 的第 9 名和 Emory 的第 20 名排名不變。的確，Claremont-McKenna 的謊言總計對每個測驗單元約灌水 10 至 20 分，影響相當小。

9. William Lichten, "Whither Advanced Placement - Now?" in Philip M. Sadler et al., eds., *AP: A Critical Examination of the Advanced Placement Program*（Cambridge, MA: Harvard Education Press, 2012）.

10. College Board, "Get with the Program," 內容可見 http://professionals.collegeboard.

com/profdownload/ap-get-with-the-program-08.pdf.

11. Thomas Pfankuch, "Students Losing Full Advantage of Advanced Placement," *Times-Union*, June 23, 1997.

12. 同上。

13. 哈佛大學在 2010-11 學年，不計算下列 AP 測驗的學分：藝術（工作室與作品集）、比較政府與政治、資訊工程 A、環境學、人文地理，以及美國政府與政治。史丹福大學在 2012-13 學年，不計學分的 AP 測驗包括以上所有測驗（除了資訊工程 A），加上生物學、英語與寫作、英文文學與寫作、歐洲歷史、義大利語與文化、總體經濟學、個體經濟學、音樂理論、心理學、西班牙文學與文化、統計學、美國歷史，以及世界歷史。見 "Advanced Standing at Harvard College: 2010-2011," Harvard University；及 Stanford's "AP Credit Chart: 2012-2013"，內容可見 http://studentaffairs.stanford.edu/registrar/students/ap-charts.

14. 「平均 AP 及格分數（亦即，可獲學分的最低分數）在 1998 至 2006 年之間上調約半分……普通大學的錄取分數從 3 分變成 3 到 4 分之間；優選大學從 3 到 4 分之間變成 4 分；高度優選大學從 4 分變成 4 分到和 5 分之間。但儘管學分標準變嚴格，平均分數卻下降，從 1986 年的 3.10 分降到 1996 年的 3.00 分，再降到 2006 年的 2.89 分。見 William Lichten, "Equity and Excellence in the College Board Advanced Placement Program," *Teachers College Record*, 2007；及 "AP Grade distribution – all subjects 1987-2006," College Board, 2006.

15. 這些引言引自 John Tierney, "AP Classes Are a Scam," *Atlantic*, October 13, 2012.

16. 另一個憂慮是，一些少數族裔準備好修 AP 課程的學生比例太低。根據大學理事會〈第八次全國 AP 課程年度報告〉（2012 年），2012 年非裔美國學生僅 20％被視為準備好修 AP 課程。這個數字與西裔學生的 30％、白人學生的 38％和亞裔學生的 58％差異懸殊。

17. Issac Asimov, "My Own View," reprinted in *Asimov on Science Fiction*（Garden City, NY: Doubleday, 1981）.

18. Barry Sinervo and C. M. Lively, "The Rock-Paper-Scissors Game and the Evolution of Alternative Male Strategies," *Nature*, March 21, 1996.

19. 當藍喉變得普遍時，最好的「策略」是成為橘喉，因為橘喉更強壯，能輕易攻占藍喉地盤。但是，當大多數公蜥蜴是黃喉時，身為橘喉是最差可能選擇，因為這麼多黃喉環伺在側，你的後宮佳麗出軌的機會很大。相形之下，藍喉的一夫一妻制反而能避免戴綠帽的情況發生。

▍第三章：合併或共謀，增加集體利益

1. 在企業全球化的今日世界，合併也必須得到一堆歐洲管制機構核可，它們通常採

取先發制人的行動，來對付可疑的卡特爾行為。2012 年，歐洲的反卡特爾行動造成數筆超過千萬歐元的罰鍰，其中包括一筆對貨運代理業的 1 億 6,900 萬歐元罰鍰，它們突擊檢查各項產品，從北海蝦到塑膠管配件和光碟機。見 http://ec. europa.eu/competition/cartels/cases/cases.html, accessed December 19, 2012.

2. 見 US Department of Justice and Federal Trade Commission, "Antitrust Guidelines for Collaboration Among Competitors," 2000, and "Horizontal Merger Guidelines," 2010.

3. 見 US Department of Justice and Federal Trade Commission, "Antitrust Guidelines for the Licensing of Intellectual Property," 1995。有鑑於智慧財產授權策略日益普遍和複雜，有些反托拉斯學者主張這些指導原則應該更新。參見 Joshua Newberg, "Antitrust, Patent Pools, and the Management of Uncertainty"，內容可見 http://www. ftc.gov/opp/intellect/020417joshuanewberg.pdf.

4. 在 Federal Baseball Club v. National League（1922）一案，美國最高法院首席大法官 William Howard Taft 曾是大學棒球隊員，無異議裁定職棒大聯盟不適用休曼反托拉斯法。但在 Radovich v. National Football League（1957）一案，最高法院裁定足球不享有豁免權。美國國會在 1961 年做出回應，通過「職業運動廣播法」，允許棒球、足球、籃球及曲棍球隊（但不含拳擊）可與電台和電視台集體談判轉播權。

5. 全美大學足球冠軍錦標賽已經受到反托拉斯理由的批判，包括猶他州共和黨參議員 Orrin Hatch，2012 年 3 月他在《彭博電視》表示，全球大學足球冠軍錦標賽的「特權協商」制度構成非法限制交易。近幾年在落磯山脈區八個州出現一連串球季表現完美的強勁球隊，如 2009 年的猶他大學和 2010 年的 Boise 州立大學，但仍然沒有機會參加「全國冠軍賽」。Hatch 參議員的評論錄影見 http://www. youtube.com/watch?v=C1Z7B2KfFtk。我在電話勸募案例中一節談農場合作社的豁免。

6. 1938 年在美國一枚典型鑽戒賣 80 美元，當時（只有約半數美國家庭有室內廁所）美國人平均年薪為 1,299 美元。

7. 更多關於鑽石聯合集團的討論，見 Edward Jay Epstein, "Have You Ever Tried to Sell a Diamond?," Atlantic, February 1, 1982.

8. 歐本海默先生的演講全文登在下述企業個案研究的附錄中：Debora Spar, "Forever: De Beers and US Antitrust Law," Harvard Business School, 2002.

9. 戴比爾斯已解決美國的管制問題，包括在 2004 年對價格操縱的指控認罪。這項和解允許戴比爾斯直接在美國賣鑽石。到 2012 年中為止，戴比爾斯在美國有 10 個零售點，從紐約到佛羅里達州的那不勒斯及加州的科斯塔梅薩。

10. Nicholas Stein, "The De Beers Story: A New Cut on an Old Monopoly," Fortune, February 19, 2001.

11. 鑽石即使喪失永恆愛情首選象徵的地位，仍然珍貴，因為具有裝飾價值及許多工業用途。確實，戴比爾斯透過它的子公司第六元素（Element Six），已成為人工合成鑽石市場的世界領導者，從實驗室產生的十全十美金剛鑽榨出各式各樣的工業用途。如該公司網站所言，「人工合成鑽石綜合導熱性、化學惰性和半導性等極端特性，提供廣泛的應用機會。」更不用說它的極端硬度，長久以來使鑽石成為理想的切割和碾碎工具。更多關於合成鑽石的工業用途，見http://www.e6.com/wps/wcm/connect/E6_Content_EN/Home。關於合成鑽石是否對戴比爾斯的核心訂婚戒業務構成威脅，見下述相關的企業個案研究：David McAdams and Cate Reavis, "De Beers' Diamond Dilemma," MIT Sloan School of Management, Case 07-045, 2008.

12. David Evans, "Charities Deceive Donors Unaware Money Goes to a Telemarketer," *Bloomberg Markets*, September 12, 2012.

13. 唐納森也駁斥癌症協會在 InfoCision 募款活動賠錢的說法，他告訴《彭博》：「我可以斬釘截鐵地說，美國癌症協會確實從『全國芳鄰勸募』計劃獲利，絕對不是入不敷出。」

14. 2012 年末期，InfoCision 醜聞爆發後不久，即將去職的執行長表示，「在較好的年頭，利潤約為營收的 10％。現在利潤降到 5％。」見 Betty Lin-Fisher, "Refocused InfoCision Tries to Move Forward," *Akron Beacon Journal*, November 10, 2012。這些數字雖然無法證實（InfoCision 不是上市公司，不必揭露財務結果），但似乎可信。

15. 如美國癌症研究學會執行長 Kelly Browning 向《彭博》解釋：「它們有規模來做這件事，而且做得相當有效率。」

16. 潛在而言，美國國會可以強加同樣嚴格的揭露規定在慈善機構上，要求它們（譬如）揭露每一次募款活動成本，而非所有募款活動的平均成本。不過，合理的推測是，立法者和管制者加諸於慈善機構的規定會比他們加諸於營利中間人的規定溫和。如內文所述，揭露規定可以有效扼殺所有可能對慈善機構有利但成本更高的募款活動。因此，反對者可以提出揭露規定有害於慈善事業的正當理由。

17. 許多聯合勸募的地方分部取名為「公益金」（Community Chests），這個有創意的行銷舉動後來被受歡迎的「大富翁」遊戲拿去用。（根據 Philip Orbanes 的書 *The Monopoly Companion*，大西洋城的公益金坐落在太平洋大道附近，讀者可在新版大富翁遊戲板上找到公益金地點。）

18. 反托拉斯主管機關會如何看待慈善機構為了合併或協調電話行銷工作而組成的合資事業，目前尚不明朗。反托拉斯主管機關評估基於效率動機的合資，通常比合併寬容，因此美國善施會（America Gives）可能不會引起反托拉斯的挑戰。不過，如內文所述，這種結合可能將營利的電話行銷業者逐出市場，阻止競爭和傷

害未加入卡特爾的慈善機構。

19. 隨著運輸業的競爭加劇，1920 年代豁免農民合作社的原始理由不再適用。這已導致管制者和領導者在國會公開談論撤銷農民合作社的反托拉斯豁免權。例如，2009 年檢察總長 Christine Varney 在參院司法委員會聽證會上向主席 Patrick Leahy 表示：「委員，我不認為檢查法律是否符合它的預期目的會導致該法不適合產業現狀的結論。」對此參議員 Leahy（民主黨 - 佛蒙特州）回答：「我已被任命為司法委員會反托拉斯小組召集人。我知道民主黨威斯康辛州參議員 Kohn 撤銷〔農民合作社豁免權〕這個提案，我會跟參議員 Sanders（無黨籍 - 佛蒙特州）討論這件事。」見美國參議院司法委員會 2009 年 9 月 19 日聽證會紀錄："Crisis on the Farm: The State of Competition and Prospects for Sustainability in the Northeast Dairy Industry".

20. 2011 年最大的慈善機構是美國路德教服務會（收入 183 億美元）、梅約診所（80 億美元）和 YMCA（59 億美元）。見 "The 200 Largest US Charities," *Forbes*，內容可見 http://www.forbes.com/lists/2011/14/200-largest-us-charities-11_rank.html.

21. 由於美國善施會打電話募款，可能引起與言論自由有關的額外麻煩。近年 InfoCision 的客戶名單包括共和黨參議院全國委員會，根據《彭博》報導，從 2003 到 2012 年，共和黨參議院全國委員會付了 1 億 1,500 萬美元給 InfoCision。假設，某選舉季節，共和黨（譬如）想推動取消慈善捐款免稅的法案。國會若通過法律，強迫美國善施會在違反自己經濟利益的情形下替共和黨參議院全國委員會打募款電話，是否違憲？另一個不排除一切歧視的理由是，雇用對特定領域如女性健康、醫療研究、遊民等特別有知識和積極動力且技術高超的募款者可獲得的潛在效率。募款卡特爾若限制同個領域的慈善機構才能入會員，方能更好地利用這類有技能又積極的募款者。不過，這只在它們「歧視」其他慈善機構的前提下才可能出現。

▌關鍵概念 3：均衡

1. 如果那樣的話，還會有第三個納許均衡，即李洛伊和蘿莉塔各自採取「混合策略」，亦即他們各自隨機決定怎麼做。混合策略的概念超出本書討論範圍，這方面的傑出評論可見 Avinash Dixit and Barry Nalebuff, *Thinking Strategically*（New York: Norton, 1991）第七章〈不可預測性〉。

2. 任何學過個體經濟學的人都熟悉，壟斷者可以靠少賣產品來多賺的概念，但其他人可能覺得奇怪。其基本概念是，壟斷者的利潤來自創造產品的稀有性。物以稀為貴，當消費者吵著要它們的產品，壟斷者可以賣更高價格。

3. 賴因哈德·澤爾騰（Reinhard Selten）因發現依序行動賽局的均衡概念，贏得 1994 年諾貝爾經濟學獎（與約翰·納許及另一位均衡理論先驅約翰·夏仙義

〔John Harsanyi〕同時獲獎）。我稱澤爾騰的概念為「回溯均衡」，這是根據尋找這種均衡的方法。（賽局理論界常用另一個名稱：「子賽局完美均衡」〔Subgame-perfect equilibrium〕。）

4. 這個均衡概念沒有一個共同的名稱。有些賽局理論家用「策略行動」這個詞。其他人正確指出，我所稱的「承諾均衡」只是一個三階段賽局的回溯均衡，其中一個參賽者最先採取行動（承諾自己）並最後採取行動（實現承諾）。

5. 這些概念被史丹福大學的「四人幫」（David Kreps、Paul Milgrom、John Roberts 和 Robert Wilson）正式闡述在一系列革命性的論文，1982 年同時發表在《經濟理論期刊》（*Journal of Economic Theory*）：Paul Migrom 與 John Roberts 合著的 Predation, Reputation, and Entry Deterrence；David Kreps 與 Robert Wilson 合著的 Reputation and Imperfect Information；以及四人幫全體合著的 Rational Cooperation in the Finitely Repeated Prisoners' Dilemma。這些是可望被諾貝爾獎肯定的重要經濟理論論文。

▎第四章：威脅報復，嚇阻對手行動

1. 這個故事顯然與西部拓荒史有很大出入。傑西·詹姆斯和比利小子從未謀面，即使有，他們也沒多少興趣互相殘殺。的確，根據大部分史料，比利小子其實是相當和氣的人。長支酒館真的存在，以發生過許多槍戰和對峙聞名。

2. 「墨西哥僵局」是指在槍戰中，第一個開槍者必死的局面。或許最著名的墨西哥僵局是經典義大利西部片《黃昏三鏢客》（*The Good, the Bad, and the Ugly*）戲劇化的最後一場戲。劇中三個主角困在三向決鬥中。不管誰先開槍，只能殺死一個對手，而給予第三人時間射殺第一個開槍者。因此，沒有人想第一個拔槍，這給導演塞吉歐·李昂尼（Sergio Leone）充裕時間，打造出或許是電影史上最戲劇化的（反）高潮。讀者若是影迷，在此要忍不住補充一句，這場戲從賽局理論角度來看甚至更有趣。金髮仔在土寇不知情下，事先清空土寇槍膛裡的子彈。因此，表面上是金髮仔、土寇和天使眼之間的三向僵局，其實是金髮仔和天使眼之間的雙向決鬥，只不過天使眼居於劣勢，因為他以為土寇也在賽局中。

3. 小說中的原子彈與美國在超級祕密的曼哈頓計劃下發展的真正原子彈有著詭異的相似，以致 FBI 立刻展開調查。當坎貝爾和卡特米爾被盤問時，FBI 懷疑他們獨立想出與曼哈頓計劃不謀而合的設計之說。卡特米爾住在加州曼哈頓海灘，這個巧合更令 FBI 的首席幹員覺得匪夷所思。詳見 Robert Silverberg, "Reflections: The Cleve Cartmill Affair: One," *Asimov's Science Fiction*, March 2010，內容可見 http://www.asimovs.com/_issue_0310/ref.shtml.

4. 著名科幻小說作家以薩·艾西莫夫（Isaac Asimov）在自傳《人生舞台》（*I. Asmov: A Memoir*）（1995）中稱坎貝爾為「科幻小說界有史以來最有影響力的

人，在他擔任編輯的最初 10 年，完全主宰這個領域」。坎貝爾也寫科幻小說，包括一篇南極科學任務出差錯的經典故事，這篇小說曾三度拍成電影，最近一部是《極地詭變》（*The Thing*）（2011）。

5. 第一次核子彈引爆，代號「三位一體」，在新墨西哥州白沙試驗場進行。

6. Natural Resources Defense Council, "Table of Global Nuclear Weapons Stockpiles, 1945-2002"，內容可見 http://www.nrdc.org/nuclear/nudb/datab19.asp, accessed December 19, 2012.

7. Karl W. Uchrinscko, "Threat and Opportunity: The Soviet View of the Strategic Defense Initiative," Department of the Navy, Naval Postgraduate School, PhD thesis, 1986，內容可見 http://www.dtic.mil/cgi-bin/GetTRDoc?Location=U2&doc=GetTRDoc.pdf&AD=ADA178649.

8. 這裡講的虛構故事和前面提到的一些好萊塢電影一樣牽強附會。我的重點只是說明搖擺不定的報復決心能引起核子戰爭的可能性，即使沒有一方真正想攻擊另一方。（故事中的總統 1 號可能誤會了蘇聯，蘇聯可能根本不想攻擊。但蘇聯仍會攻擊，因為他們相信總統 1 號相信他們會攻擊。）如果一方或雙方真正想攻擊另一方，相互保證毀滅賽局的風險大為升高。

9. 100 美元是多增加一位乘客產生的「邊際成本」。此處未計算營運芝加哥—亞特蘭大航線的其他「固定成本」。只要一條航線的航班數目固定，其他固定成本跟公司的訂價決策無關。

10. 由於航空公司一直在競爭相同的乘客，它們也許仍能脫離這個囚徒困境，利用他們的「關係」來維持高價，見第六章。

11. 基於同樣邏輯，價格可能也一起上升。如果一家航空公司漲價，另一家未立刻跟進，前者自然有誘因將價格降回原先水準。預期到這一點，航空公司能利用動態牌價，亦步亦趨地跟隨彼此漲價、跌價。

▌第五章：建立信任，贏得更多交易機會

1. http://www.snopes.com/fraud/advancefee/nigeria.asp.

2. 臨床及法律心理學家 Stephen Diamond 2009 年在《今日心理學》（*Psychology Today*）雜誌解釋：「在精神病學，『精神病患』一詞有時會被『反社會者』取代，部分是為了減少它的社會汙名……任何時候你聽到精神病患、反社會者、反社會、不道德或反社會人格等詞，適當的對應診斷（根據美國精神病學會的心理障礙診斷與統計手冊）可能是（或不是）反社會人格疾患。」見 Stephen Diamond, "Masks of Sanity（Part Four）: What is a Psychopath?," *Psychology Today* blog, August 31, 2009.

3. 更多討論見 Martha Stout, *The Sociopath Next Door*（New York: Broadway Books,

2005），以及 Heather Clitheroe 的詼諧書評：http://www.bookslut.com/scarlet_woman_of_selfhelp/2005_03_004676.php.

4. Seena Fazel and John Danesh, "Serious Mental Disorder in 23,000 Prisoners: A Systematic Review of 62 Surveys," *Lancet*, 2002。還有一個令人好奇的看法是，反社會者在高階主管辦公室比在總人口中盛行。不過，最近媒體宣稱「10%華爾街員工是精神病患者」是胡扯。見 Dr. John Grohol, "Untrue: 1 out of Every 10 Wall Street Employees is a Psychopath," *Psych Central*, March 6, 2012，內容可見 http://psychcentral.com/blog/archives/2012/03/06/untrue-1-out-of-every-10-wall-street-employees-is-a-psychopath.

5. 古柯鹼的價格在不同時間及不同地方差異極大，無論如何，很難直接觀察。最近一項估計每公斤古柯鹼在紐約市的批發價為 2 萬 3,000 美元。見 http://www.narcoticnews.com/Cocaine-Prices-in-the-U.S.A.php, accessed December 19,2012.

6. David Gluckman, "A Guide to Certified Used Car Programs: Someone Was Kind Enough to Pre-Own Your Next New Car," *Car and Driver*, March 2009.

7. "Aston Martin Company History: 1930-1939", www.astonmartin.com/the-company/history.

8. 有幾輛車子的價格低得離譜（例如一輛 2000 年賓士 S430，跑了 10 萬 2,460 英里，原價 75,000 美元，以 4,250 美元在 eBay 售出），令人懷疑可能有損壞或其他嚴重瑕疵。

9. 見 "Aston Martin Launches 'Assured' Seal of Approval," *Aston Martin News*, July 10, 2009.

10. 如能比較一輛經由認證計劃出售的 2001 年優越型 V12 雙門跑車，與《大眾機械》雜誌看到在 eBay 上出售的同款車子會很有意思。不過，我查到的認證車，沒有比 2007 年早出廠的。

11. Jim Mateja, "Which is the Better CPO Buy: Luxury or Economy?"，內容可見 http://www.cars.com/go/advice/shopping/cpo/stories/story.jsp?story=luxEcon.

12. Jim Mateja, "Is CPO for You?"，內容可見 http://www.cars.com/go/advice/shopping/cpo/stories/story.jsp?story=cpoForYou。

13. 還有信任問題。由於提供延長保固的第三方不在乎你的重複生意，他們可能製造障礙，在你需要行使保固權的時候阻撓你。因此，經銷商或車廠提供的保固可能優於在公開市場買的保固。此外，如果認證中古車出了問題，經銷商或製造商本身要付代價，因此它們有誘因篩選認證的車通常要有完整維修史。獨立修車廠無法取得這麼豐富的紀錄，無法那麼準確地評估車子的真正品質。

▍第六章：培養關係，促成合作

1. Henry Schneider, "Agency Problems and Reputation in Expert Services: Evidence from Auto Repair," *Journal of Industrial Economics*, 2012.

2. Scott D. Hammond, Deputy Assistant Attorney General for Criminal Enforcement, Antitrust Division, US Department of Justice, "The Evolution of Criminal Antitrust Enforcement over the Last Two Decades," 2010 年 2 月全國白領犯罪學會 24 屆年會演說，原文見：http://www.justice.gov/atr/public/speeches/255515.pdf.

3. 美國司法部也提供個人寬恕計劃，保證完全赦免認罪的個人，即使他／她的公司不認罪。組織中一旦有人察覺違法活動，個人寬恕計劃將給公司帶來更大的認罪壓力。

4. 儘管如此，有時候即使坐牢的威脅也不足以確保反托拉斯調查中的合作。1997年，瑞士健康照護業巨擘羅氏大藥廠（Hoffmann-La Roche，HLR）被逮到聯合操縱檸檬酸價格，公司迅速認罪，繳了 1,400 萬美元罰鍰，並承諾合作。然而，當司法部傳喚羅氏大藥廠全球維他命行銷部主任康諾・桑默（Kuno Sommer）作證時，桑默卻在宣誓下說謊，否認操縱維他命價格。桑默博士大概認為不必擔心謊言被拆穿，因為維他命卡特爾（卡特爾成員稱之為「維他命有限公司」）的保密工作做得特別嚴密。確實，根據美國司法部反托拉斯刑事組組長蓋瑞・史派特丁（Gary Spratling）表示，企業高階主管「費盡心思隱藏（卡特爾）活動」，下令摧毀所有會議紀錄和筆記，否則可能被解雇。不過，兩年後，共謀者羅納普朗（Rhône-Poulenc）公司承認參加維他命有限公司，羅氏大藥廠被罰 5 億美元（史上最高罰鍰），康諾・桑默因偽證罪被判入美國監獄服刑 4 個月。（見 Stephen Labaton and David Barboza, "US Outlines How Makers of Vitamins Fixed Global Prices," *New York Times*, May 21, 1999.）值得玩味的是，被判刑這件事對桑默博士的事業生涯而言只不過是小小的挫折。出獄後不久，他被任命為一家全球疫苗公司 Berna Biotech 的執行長，並於 2012 年 4 月開始擔任一家「提供全方位服務給藥廠和生技產業的生化公司」Bachem Group 的董事長。

5. 很難想像胡佛擔任局長的 FBI 完全不知黑手黨的存在。為什麼他們不更深入調查和更早提高警覺？曾任胡佛底下第三把手的威廉・蘇利文（William C. Sullivan）在 *The Bureau: My Thirty Years in Hoover's FBI*（New York: Norton, 1979）中解釋：「黑手黨……勢力這麼龐大，整個警界甚至市長辦公室都可能在黑手黨控制下。這是為什麼胡佛不敢讓我們調查，他怕我們弄得灰頭土臉。」

6. 我們只能猜測那些「持續利益」是什麼。家族的持續安全和興旺顯然是一個可能性。但或許更重要的因素，至少對一些黑手黨成員來說，是個人榮譽。老一輩黑幫分子特別堅持他們認為「對的」傳統，即使要付出代價，拒絕販賣毒品（甚至在比較年輕的黑幫分子證明毒品交易有利可圖之後）並堅持他們的下屬不該不留

鬍鬚（為此他們被年輕世代嘲笑為「小鬍子幫」〔Mustache Petes〕）。

7. 高蒂因為愛穿高級西裝和面對記者的機智，而被稱作「帥爺」（the Dapper Don），他經常在小義大利區的 Ravenite 俱樂部舉辦黑手黨聚會，在那裡很容易被記者看到及遭警方集體逮捕。

8. 見 Philip Carlo, *Gaspipe: Confessions of a Mafia Boss*（New York: Harper-Collins, 2009）。

9. 見 O. Gefen and N. Q. Balaban, "The Importance of Being Persistent: Heterogeneity of Bacterial Populations Under Antibiotic Stress," *FEMS Microbiology Review*, 2009.

10. 生物膜內的欺騙機制很複雜和微妙。更多細節請見 S. Diggle, A. Griffin, G. Campbell, and S. West, "Cooperation and Conflict in Quorum-Sensing Bacterial Populations," *Nature*, November 15, 2007, and K. Sandoz, S. Mitzimberg, and M. Schuster, "Social Cheating in Pseudomonas Aeruginosa Quorum Sensing," *Proceedings of the National Academy of Sciences*, 2007.

11. 透過一個叫做橫向基因轉移的作用，同一個生物膜中的細菌可以互換基因。因此，個別細菌除了從它們本身的成功獲益，也從生物膜整體的繁榮獲益。因為「騙子基因」危害整個生物膜，這可以解釋為何誘發欺騙行為的基因突變，可能無法享受長期繁殖優勢，即使它們在單一生物膜存活期間是享有短期優勢的。

12. 在艾克塞洛德的錦標賽，每場比賽延續 200 回合。事先知道截止日期，使比賽複雜化，在此沒有詳談這點。配合本章主旨，將每一場比賽想成永遠可能（雖然不確定）多延續幾回合即可。

13. 在艾克塞洛德的賽局，懲罰一回合就夠了。在其他賽局，當欺騙的報酬更大，或懲罰的代價更小時，以牙還牙策略會懲罰欺騙者不只一回合，然後才予以寬恕。

14. 細節可見 Robert Axelrod, *The Evolution of Cooperation*, revised edition（New York: Basic Books, 2006）。自艾克塞洛德的開創性分析以來，賽局理論家已證明以牙還牙策略的成功依賴於一個假設：即參賽者絕不會誤解其他參賽者的舉動。「如果訊息傳輸有出錯的可能，以牙還牙策略會失靈。一旦訊息錯誤，導致一方相信另一方背叛，雙方會陷入愚蠢和近乎鬧劇的相互懲罰流程：參賽者 A 因 B 背叛而懲罰 B，然後 B 因 A 懲罰他而懲罰 A，如此這般（永無止境循環下去）。這表示以牙還牙策略也許不適合參賽者的行動可能被誤解的情況。」見 Barry Nalebuff, "Puzzles: Noisy Prisoners, Manhattan Locations, and More," *Journal of Economic Perspectives*, 1987.

15. 以牙還牙策略也許永遠不會在社會網絡邊緣的孤立參賽者間普及，他們與緊密結合的中心很少聯繫。就成功合作是取得社會資本以締結更多連結的必要手段而言，此類邊緣參賽者有可能陷入惡性循環，他們的孤立，造成他們的關係失敗；他們的關係失敗又造成他們繼續孤立。

▌ 結論：如何脫離囚徒困境

1. 在更符合現實的環境，囚徒及／或他們的同夥很可能會再度互動，不論在監獄內或監獄外。如果這樣，從囚徒潛在上可以連結這個賽局發生的事情到未來賽局將發生的事情來看，這是重複進行的賽局。

▌ 案例 1：比價網站的便宜陷阱

1. 大零售商當中，Costco 與供應商建立合夥關係，提供流行產品的獨特包裝版本，以此方法防禦「把零售店當樣品室」的威脅。同理，小精品店也因為提供不易在網路上找到的獨特商品，依然生意興隆。

2. 見 Brad Tuttle, "Is Amazon Due for a Backlash Because of Its 'Evil' Price Check App?" *Time: Moneyland*, December 13, 2011.

3. Jeffrey Brown and Austan Goolsbee, "Does the Internet Make Markets More Competitive? Evidence from the Life Insurance Industry," *Journal of Political Economy*, 2002.

4. ATPCO 的唯一「競爭者」是 SITA，SITA 會公布一些非洲、亞洲和歐洲的機票資訊。

5. "Competitive Impact Statement," *USA vs. ATPCO et al.*, March 1994, 13-15.

6. 關於網路價格模糊化的深入分析，見 Glenn Ellison and Sara Ellison, "Search, Obfuscation, and Price Elasticities on the Internet," *Econometrica*, 2009.

7. BPPhoto.com 的實體據點似乎在布魯克林，以電子設備的「灰市」溫床聞名。（見 http://donwiss.com/pictures/BrooklynStores/h0008.htm）根據《紐約時報》報導，「調查機構接獲（關於布魯克林電子產品商家）的投訴，描述其銷售伎倆，如承諾低價，但當顧客不肯加購電池或其他配件，就會取消訂單或出言恫嚇。」紐約商業改進局情報與調查處經理 Anthony Barbera 補充說：「這是一個長年不斷的問題，尤其在紐約，但受害者未必是紐約顧客，而是全國各地的顧客。」更麻煩的是這些公司經常改名換姓和變更線上身分。見 Michael Brick, "In a Flash, Camera Dealers Feel the Web's Wrath," *New York Times*, January 11, 2006。儘管如此，我要強調我並沒有察覺 BPPhoto 本身做了任何壞事。甚至很多顧客給予 BPPhoto 正面評價……加上幾個人抱怨被迫買配件之類的伎倆。（例如，2013 年 1 月 21 日 snowdog_1 在 resellerratings.com 網站上抱怨：「非常失望……售貨員『說服』我買兩個長效電池和兩個高容量記憶卡。」）

8. 值得玩味的是，386.43 美元恰好是所有「翻新二手貨賣家」提供的最低價，這暗示 BPPhoto 一清二楚如何利用系統，並設法被列為最低價格者。

9. 如果 PriceGrabber 使用「網路數據抓取軟體」（web-scraper）（尋找和連結網路上的價格），則它的商業模式需要時時刻刻更新價格，因為外部網站隨時可能改

變。但 PriceGrabber 及類似網站其實是透過與賣家的關係取得價格，因此可以輕易制定賣家更新牌價的條件。

10. 有些限制可用效率的理由來合理化。例如，PriceGrabber 用戶必須有信心網站公布的價格是正確和有效的。因此，PriceGrabber 踢走不符合其品質標準的零售商，或排斥沒有能力達到那些標準的賣家，絕對具有正當性。

▌案例 2：鱈魚的滅絕危機

1. 更多關於早年紐芬蘭鱈魚場的討論，見 Heather Pringle, "Cabot, Cod and the Colonists," *Canadian Geographic*, July/August 1997.

2. Kenneth Frank, et al., "Trophic Cascades in a Formerly Cod-Dominated Ecosystem," *Science*, June 10, 2005.

3. 結果證明鱈魚捕食的鯡魚和其他小魚（如柳葉魚）並非此處真正「贏家」。鱈魚絕跡後，目前由非魚類的競爭者如螃蟹和蝦成為該區域的強勢物種。

4. 漁夫如果在捕魚行程結束前捕到更值錢的魚，保留新漁獲而拋棄先前捕獲的較低價（死）魚可以增加利潤。依法他應該放生值錢的魚，讓牠繼續在海中生長。關於棄魚的證據，見 Ransom Myers, et al., "Why Do Fish Stocks Collapse? The Example of Cod in Atlantic Canada," *Ecological Applications*, 1997.

5. 在沒有聲納的時代，一旦一種魚的數量降到一定程度，捕撈就徒勞無功。於是漁夫改去追逐其他目標，這讓減少的魚種恢復生機。有了聲納後，漁夫可以確切辨認該去哪裡撒網，即使追殺到最後一條魚都有利可圖。

▌案例 3：房仲的「專業」建議

1. Steven Levitt and Chad Syverson, "Market Distortions When Agents Are Better Informed: The Value of Information in Real Estate Transactions," *Review of Economics and Statistics*, 2008.

2. 仲介擁有的投資房產可能與客戶的住宅不同，但李維特和希沃森控制這個變數，以便做「蘋果比蘋果」的比較。

3. 另一個可能性是屋主也許只是不喜歡住在「準備展示」的房子。以我自己為例，想到把我們滿屋子小孩的家收拾好，經常開放參觀，就嚇得我們寧可在房子出售期間另租地方住。

4. 相較於房仲出售自己的類似房子，售價較統一的街廓房子「折價」2.9%（且快 2.5 天賣出），售價較分歧的街廓房子折價 4.9%（且快兩星期賣出）。

5. 大部分不動產委託銷售契約期間為 3 至 6 個月，之後賣方可以換仲介。有鑑於此，仲介知道他們必須協助快點成交，以免血本無歸。

6. 仲介慇惠客戶快速出售是否違反他們「在任何時候完全代表委託人的最佳利益」

的信託責任？李維特和希沃森當然認為如此，塑造房仲「扭曲資訊來誤導客戶」的形象，但我猜大多數房仲有不同看法。我認識的房仲都真正努力提供優質服務，常超出他們應盡的責任範圍，以確保客戶對售屋過程滿意。但即使是這些一心一意取悅客戶的仲介，可能也寧願他們的客戶開價略低於市場行情。為什麼？屋主不易判斷他們的房子是否賣到好價錢，但他們當然能分辨他們是否花了比別人長的時間賣房子。因此，當房子賣得更快，屋主傾向於對仲介更滿意。因此開一個低於市場行情的價錢是仲介滿足客戶的有效方法，因為這樣做可以吸引買家快速成交。開價低也能「錨定」屋主對自己可能拿到多少錢的預期心理，使他們能夠感到滿意，即使最後成交價低也是如此。基本上，此處問題在於：令屋主「滿意」的事情（快速賣掉房子）未必對他們有利。扭轉情勢的賽局贏家案例4「壅塞的急診室困境」探討一個發生在急診室的類似問題，醫院努力「滿足」病患的行為，在某些例子，可能反而降低照護品質。

7. 房仲公司可以雇用這類服務專家，使仲介有空做他們最擅長的工作。

8. 屋主能否「搭便車」，利用他的仲介與修繕包商的關係獲得好價錢？也許不能。仲介可以介紹一位優質包商給屋主，包商因此有強烈誘因報答仲介，例如提供便宜的服務給仲介自己的房子。（給屋主好價錢無疑也會令仲介高興，但不如仲介自己拿到好價錢那麼高興。）事實上，如果仲介的推薦代表品質優良，可以區隔包商與他的同行，那被推薦的包商知道他很可能可以收取比平常高的費用。所以，仲介所推薦包商的費用，實際上可能比從電話簿找到同一個包商來做，還要更貴。

9. 房仲業是反托拉斯管制者長年關注的對象。例如，2005 年美國司法部發動調查「（奧克拉荷馬州）土爾薩地區房地產服務業的可能反競爭行為」。這項調查集中在全額佣金仲介的「杯葛」行為，他們引導買家避開折價佣金仲介代理的房子。一名仲介 J. D. Smith 放棄他的低價政策，回歸收「3% + 3%」佣金的傳統架構。他告訴 *Money* 雜誌：「一星期內，我獲得其他仲介帶人來看房子和出價的次數，比過去兩個月還多。」見 Jon Birger, "Feds Probe Real Estate Agents," *Money*, April 22, 2005.

10. 這段引語引自瑞麥官網 www.remax.com，我在 2012 年 5 月 24 日上網時看到。

11. 在我居住的北卡羅來納州杜倫市，Urban Durham（urbandurhamrealty.com）就是這樣的房仲公司，創辦人是個充滿雄心和勤奮工作的仲介，他幾年前開一家更大的房仲公司，自己出來創業。幾年前，我的社區還看不到 Urban Durham 的據點，如今，它的招牌處處可見。

12. 2012 年 7 月，全國房仲協會統計的會員總數為 993,715 人。

13. 從必須付佣金的角度來看，當買方的仲介費由賣方付費時，所有仲介在買方眼中都一樣；不論他最後買哪幢房子，不論誰代理他，買方都要付同樣的佣金。因此

買方自然會選擇跟遇到的第一個仲介合作，不管是誰。因此房仲業的真正業務與建立社會聯繫有很大關係，以爭取成為最先被介紹給新買家的人。這使得房仲業的高檔市場很難進入，尤其是缺乏顯赫家世背景的人。

14. Pay-to-play（或 Pay-for-play）一詞出自廣播電台業，指唱片公司付錢給 DJ 播歌曲的長期陋規。如今這麼做是非法的。見 Peter Alexander, "Music Recording," in Walter Adams and James Brock, eds., *The Structure of American Industry*, 11th Edition（Upper Saddle River, NJ: Pearson Prentice Hall, 2004）關於廣播電台業的傑出經濟分析。

▌案例 4：壅塞的急診室困境

1. Catherine Saint Louis, "ER Doctors Face Quandary on Painkillers," *New York Times*, April 30, 2012.

2. Charles Fooe, MD, Bat Masterson, and Marian Wilson, "ED Pain Management Program Hinders Drug-Seeking," *Emergency Medicine News*, January 2011.

3. Anna Lembke, "Why Doctors Prescribe Opioids to Known Opioid Abusers," *New England Journal of Medicine*, 2012.

4. Institute of Medicine, "Hospital-Based Emergency Care: At the Breaking Point," Washington, DC: National Academy of Sciences, 2006。這份報告估計，全美平均每分鐘就有一輛救護車因急診室過於擁擠而轉往他處，換言之，每年超過 50 萬次。

5. 這是由歐巴馬總統耗費大部分任期（2008-12 年）以求通過的「平價醫療法案」，該法案擴大津貼健康保險，並創造「健保交易所」來刺激競爭；而反對他的共和黨則花了大部分的口水譴責這個法案，可資證明。

6. 見 http://www.cdc.gov/media/pressrel/2010/r100617.htm。美國疾病控制與預防中心的 Leonard Paulozzi 博士在 2012 年 8 月 19 日給我的私人信函中澄清，這些數字「並非『找藥解癮者』的總數。為了非醫療用途的處方止痛劑而看診的次數（上升），是鴉片類藥物濫用情形增加的跡象，但我們真的不知道急診室的『找藥』趨勢」。

7. 這個情境聽起來像是杜撰的，但急診醫師常碰到病人宣稱對所有非上癮的止痛劑過敏。

8. Catherine Saint Louis, "ER Doctors Face Quandary on Painkillers," *New York Times*, April 30, 2012。所有引用杜諾費里奧教授、梅赫洛特拉醫師和班宗尼醫師的話都引自這篇報導。

9. 到 2012 年 8 月為止，美國的 41 個州已有可運作的處方藥監控計劃，49 個州（全美除了密蘇里州以外）已通過法律授權成立處方藥監控計劃。

10. 許多處方藥監控計劃資料庫需要一個特別的入口網站，使用起來可能很花時間，

所幸這即將有所改善，能讓急診醫師更快、更容易地核對，這無疑幫助更多醫師核對資料庫，並拒絕更多找藥解癮的人。我的觀點是，這個資料庫不能完全解決問題，仍有反常的誘因讓急診醫師不敢強硬對付找藥解癮的人。

11. 即使處方藥監控計劃也無法排除所有不確定性，因為有些病患可能確實有未曾治療的慢性病，使他們一再因為真正疼痛來到急診室。

12. 新聞稿見網站：http://www.majorhospital.org/newsite/Infodesk/AboutUs/topPress GaneyRankings.pdf.

13. http://www.epmonthly.com/whitecoat/2009/12/could-satisfaction-surveys-be-harming-patient-care/。同一份調查發現，「有81％的醫療人員知道，有些病患在滿意度調查中故意提供不正確的負面評價、客訴；有84％認為病患用負面滿意度調查的威脅，來取得不恰當的醫療照護。」

14. 有些病患滿意度專家可能不同意。見 Joshua Fenton et al., "The Cost of Satisfaction: A National Study of Patient Satisfaction, Health Care Utilization, Expenditures, and Mortality," *Archives of Internal Medicine*, 2012，該文發現更高的病患滿意度與更差的健康結果互相關聯，包括死亡風險升高，尤其是那些自稱健康狀態極佳的人。其他新的研究則認為，上述發現並不可靠，其實更高的滿意度，至少在某些面向，例如與護理人員溝通的滿意度，傾向於與健康結果正相關。見 Matthew Manary et al., "The Patient Experience and Health Outcomes," *New England Journal of Medicine*, 2013.

15. Adam Kilgore, "Stephen Strasburg Goes Deep," *Washington Post*, March 16, 2013.

16. 這也許格外應驗在史蒂芬·史特拉斯堡身上。2010年，《體育畫刊》（*Sports Illustrated*）描述史特拉斯堡是「棒球史上最被炒作和密切觀察的投手候選人」。（Tom Verducci, "Nationals Taking Safe Road with Strasburg but is it Right One?" *Sports Illustrated*, May 18, 2010.）但或許部分是因為某些分析師形容為「災難性」的投球技巧（見 Lindsay Berra, "Throwdown: A Comparison of Stephen Strasburg and Greg Maddux's Pitching Mechanics," *ESPN the Magazine*, March 23, 2012），史特拉斯堡在打大聯盟的首季便嚴重受傷，2012年成功站回投手板，獲選參加2012年全明星賽，不顧（或許因為）國民隊限制他每場比賽只能投5局的決定。

17. 另一個隱憂是，重視滿意度得分的醫師可能遲疑不願提出尷尬但醫療必要的話題。例如，假設一位過胖的病人因急性氣喘來到急診室，讓他知道肥胖與氣喘有關可能會對他有幫助，但提這話題可能讓他生氣，並收到差勁的滿意度評分。

18. William Sullivan and Joe DeLucia, "2+2=7? Seven Things You May Not Know About Press Ganey Statistics," *Emergency Physicians Monthly*, September 2010.

19. 對醫院更糟的是，急診醫師有充分財務誘因去檢舉此類措施。蘇立文和迪洛西亞提到：「醫護人員如能證明改善病人滿意度的壓力如何不合理地增加聯邦醫療保

險和醫療補助計劃的成本，也許會選擇提起『吹哨人』訴訟，以期向醫院追回超額付款的 3 成。但醫院若對檢舉者採取報復行動，則會受到更進一步懲罰。」

20. 醫院可以也應該轉移注意力到其他更能證明與臨床結果連結的病人滿意度衡量標準（及其他形式的病人回饋），而非普瑞斯甘尼調查。例如，最近一項研究發現，病人滿意清楚明瞭的出院指示，與 30 天內再度住院的風險降低有關。見 William Boulding et al., "Relationship Between Patient Satisfaction and Hospital Readmission Within 30 Days," *American Journal of Managed Care*, 2011。因此，當病人對出院指示更滿意時，應該獎勵出院服務人員，成為維持病人健康和讓病人遠離醫院的手段。

21. 當然，普瑞斯甘尼調查仍然有用，可以提醒和激勵急診醫師，但必須在服務病人、而非迎合病人的前提下為之。甚至，醫師若為了正確理由而獲得惡評，還應該因為獲得普瑞斯甘尼負分而受獎勵。例如，我們應該讚美急診醫師獲得諸如「我期待得到鴉片類止痛劑，但一顆都沒拿到」或「我要一個月的藥，但只拿到 4 天」之類的抱怨，因為這顯示他們願意擊退濫用處方藥的流行病。

22. "About Bivarus, Inc.,"，內容可見 http://www.linkedin.com/company/bivarus-inc-.

23. 他們是怎麼做到的？首先，普瑞斯甘尼調查是在出院幾天後才問問卷郵寄到府，雙法洛士調查卻能立刻透過智慧型手機或網路取得。（你可能會猜想，用智慧型手機做調查不利於低收入病人回應。但根據北卡羅來納大學急診醫學科助理教授及雙法洛士共同創辦人賽斯・葛利克曼（Seth Glickman）於 2013 年 3 月給我的私人信函：「我們的智慧型手機回應率顯示相反的結果：智慧型手機是接觸傳統上服務不足的病患族群愈來愈有效的方法，（包括）不會講英語的人和少數族裔。」更棒的是，雙法洛士調查可按病患的經驗客製化，使回饋流程對醫師和病人雙方都更有意義。

24. 病人獲得健康照護的方式，跟健康照護提供者給予照護的方式一樣重要。例如，第二型糖尿病患者要達到良好的血糖控制，需要勤勉的「自我監控血糖、限制飲食、定期足部護理和眼科檢查」及嚴格遵守藥物處方，這僅在糖尿病患者了解和承擔自己的照護責任時才可能做到。遺憾的是，根據世界衛生組織的第二型糖尿病在歐洲耗費的成本（CODE-2）研究，歐洲糖尿病患者只有 28％達到良好的血糖控制；而美國，成年糖尿病患只有不到 2％達到美國糖尿病協會建議的完全照護水準。更糟的是，「不遵守確認的照護標準是引起糖尿病併發症及相關的個人、社會和經濟成本的主要原因。」（引語出自世界衛生組織 2003 年報告："Adherence to Long-Term Therapies: Evidence for Action".）

25. 根據藥物濫用警報網（Drug Abuse Warning Network，DAWN）的〈2010 年藥物相關急診室看診調查結果〉，美國在 2010 年有 490 萬次急診室看診次數與藥物有關（包括禁藥和酒精）。其中超過三分之一是因為「誤用或濫用藥物。」見

http://www.samhsa.gov/data/2k12/DAWN096/SR096EDHighlights2010.htm.

26. 更多關於 SBIRT 的資訊可見 http://medicine.yale.edu/emergencymed/research/sbirtalcohol.aspx.

▋案例 5：拉抬 eBay 信譽的方法

1. 另一個可能性是，罪犯利用這些假禮物卡交易來洗錢。

2. 第四筆以 97.95 美元的立即買價格加上免運費售出，可能是真的也可能是最聰明的詐術。畢竟，設定你的立即買價格低於 100 美元，提供完美掩護，而將之設在接近 100 美元（並高於其他一切真實價格），基本上保證沒有真正買家會來買。

3. 騙子不必實際擁有禮物卡，就能竊取它的儲值。如 scambusters.org 解釋，在很多商店，騙子只要取得禮物卡的獨特序號：「想像一個騙子，口袋裡揣著廉價的小型磁條掃描器，進入一家在公開貨架上展示禮物卡的商店（如沃爾瑪），掃描器可以輕易讀取和儲存（每張卡的獨特序號）。接著，真顧客陸續進來，買走一些禮物卡。每隔幾天，（騙子）撥打禮物卡客服電話，鍵入卡號，查哪張卡已開卡，還剩多少錢……然後騙子就可以大買特買，用光餘額。」見 http://www.scambusters.org/giftcard.html。參議員 Chuck Schumer 關切禮物卡竊盜問題，2011 年 12 月去函美國零售商聯盟及零售禮物卡協會表示：「出售禮物卡的零售商應採取一切必要的安全措施，防止民眾被竊取禮物卡號。」見 Whit Richardson, "Retailers Asked to Tackle Gift Card Fraud," *Security Director News*, December 20, 2011。零售商的回應是，修改禮物卡包裝，使潛在的竊賊更難讀取序號，但即使這樣恐怕還不夠。根據專業安全顧問公司 Corsaire 的首席安全顧問 Adrian Pastor 表示，至少有兩家英國連鎖零售商難以防禦「強力」攻擊；Corsaire 不必實際取得這些連鎖店的禮物卡，就能猜出序號和使用卡上儲值。見 Kelly Jackson Higgins, "Gift Cards Convenient and Easy to Hack," *Dark Reading*, October 23, 2009.

4. 見 "Holiday Gift Card Sales Reach All-Time High," NRF Press Release, November 2006。iTunes 禮物卡有額外風險。2009 年，蘋果公司開始取締違反合約條款，私自交易的 iTunes 禮物卡。（見 Ginny Mies, "Apple Cracks Down on Gift Card Fraud," *PCWorld*, June 23, 2009.）使用這種禮物卡的人，其 iTunes 帳戶甚至可能被永久取消。

5. 這段引言是 julian640_0 所寫的 eBay 指南編輯和濃縮版本。原文見 http://reviews.ebay.ie/Can-You-Still-Trust-eBay-Feedback?ugid=10000000004744070。eBay 指南是由 eBay 用戶所寫的，放在 eBay 網站上。

6. John Gantz et al., "The Risks of Obtaining and Using Pirated Software," IDC White Paper（sponsored by Microsoft），October 2006, 內容可見 http://www.microsoft.com/en-us/download/details.aspx?id=3981.

7. Agam Shah, "Fake Apple iPad Knockoffs Sold on eBay for £50," *TechWorld*, August 9, 2010.

8. 2004 年 10 月英國曾報導這個騙局：John Leyden, "eBay 'Second Chance' Fraud Reaches UK," *The Register*, October 5, 2004。Youtube 有一段影片描述 2011 年 8 月 eBay Motors 的例子，見 http://www.youtube.com/watch?v=BOGHTRBHUAw.

9. Larry Barrett, "Another eBay Pirate Heads to Prison," InternetNews.com, January 14, 2010；and Mary Flood, "Prison for Houston Man Who Ran eBay Hot Tub Scam," *Houston Chronicle*, May 19, 2010.

10. http://www.strat-talk.com/forum/stratocaster-discussion-forum/107962-ebay-scammer-again.html.

11. http://www.aspkin.com/forums/ebay-accounts-sale/50423-selling-verified-usa-ebay-paypal-seller-accounts-increased-limits-100-5000-a.html，瀏覽日期為 2012 年 9 月 28 日。經常逛這個網站的騙子如何避免自己被騙？這論壇由「aspkin」和「Greenbean」主持，賣家在大部分貼文開端對他們允許賣家透過該網站出售 eBay 用戶名感激零涕。任何人欺騙買家，很可能被逐出網站，真正被掃地出門，喪失未來騙錢機會。

12. 擁有共同撤回負面評價的能力，允許買賣雙方在解決爭端後抹除他們公開形象上的汙點。當 eBay 取消賣家留下負評的能力，他們也取消共同撤回負評的選擇。2008 年 5 月 eBay 宣布這項改變：「經過仔細考量，我們決定取消共同撤回評價程序。原因是，在新規則下，它使賣家暴露於勒索風險。」見 "A Message from Brian Burke – Upcoming Feedback Changes," 2008 年 5 月 7 日 eBay 公告，內容可見 http://www2.ebay.com/aw/core/200805191013132.html。儘管如此，eBay 仍允許買家單方面修改負評，因此買家勒索者潛在上仍能以修改評價為條件，要求不公平的降價。見 eBay rules on "Revising a Seller's Feedback"，內容可見 http://pages.ebay.com/help/feedback/revise-feeback.html.

13. Anne P. Mitchell, "eBay to Stop Sellers from Posting Negative Buyer Ratings," *Internet Patrol*, June 19, 2009，內容可見 http://www.theinternetpatrol.com/ebay-to-stop-sellers-from-posting-negative-buyer-ratings.

14. 麥可・舒華茲是 Google「策略技術組」的研究員，也是我的朋友和研究共同執筆者。他的概念說明在 "Establishing and Updating Reputation Scores in Online Participatory Systems," Patent Application 20090006115.

15. 用交易量來加權評價的構想，（據我所知）最早提出於 Jennifer Brown and John Morgan, "Reputation in Online Auctions: The Market for Trust," *California Management Review*, 2006.

16. 假設賣家從未獲得負面評價，而且除了最初的 100 美元外，從未預付更多佣金，

一旦賣家產生價值 100 美元的佣金，整個預存額會被扣光。此時他會按每次交易付一次佣金的方式，支付後續交易的佣金，隨著更多佣金付出，他的信用指數會升到 100 以上。

17. 用指數仍會傳達賣家在 eBay 進行的交易量訊息。買家會理所當然地推測，大多數高交易量的賣家值得信任；但我們還是會看到，可能仍應避開一些高交易量賣家的例子（例如 BruntDog 的吉他賣家）。

18. 要解決這個問題，或至少部分解決，可以在計算賣家的信用指數時，提高負面評價的門檻。例如，eBay 可能要求買家提出詐欺確實發生的證據。不過，這樣做仍會有問題，因為：（1）騙子會改採難以證明的伎倆來欺騙買家；及（2）無恥的買家仍會企圖用詐欺指控的威脅來勒索誠實的賣家。

19. 買家付雙程運費的理由是，萬一買家因「事後反悔」退回商品，可以確保誠實的賣家不會蒙受損失。

20. 有些市場可能有充分理由強制規定額外保證。理由是，只要額外保證不被廣泛採用，騙徒就有「混水摸魚」的空間，繼續詐騙 eBay 買家。若是這樣，則要求所有賣家必須提供額外保證，恐怕是 eBay 在一些市場掃除賣家詐欺的唯一方法。

21. 執法人員要抓這種騙子，可先記錄斤貨中一些值錢的郵票，萬一被退貨，再檢查它們是否還在。

22. Glen Stephens, "eBay Can Be a Great Stamp Resource," *Stamp News Australasia*, June 2011，內容可見 http://www.glenstephens.com/snjune11.html.

23. eBay 物品編號 190781531187，說明可見 http://www.ebay.com/itm/Antique-Belgian-8-Day-Grandfather-Clock-Circa-1787-/190781531187?pt=LH_DefaultDomain_0&hash=item2c6b772433，瀏覽日期為 2013 年 1 月 10 日。

24. 判斷交易何時「結束」的確切規則，並非必要。

25. eBay 已提供買家以「詳盡賣家評級」方式留下匿名評價的選擇，這些評級針對交易經驗的幾個面向，例如物品說明的準確度、送貨速度等等，計算賣家的平均整體表現。

26. 無恥買家依然可在他們對評價的回應中汙衊賣家。但只要在賣家的 eBay 信譽中，負面回應不計入負面評價，賣家沒有特別理由要擔心這類報復。

27. 另一方面，我們不希望檢舉勒索太容易，使無恥買家可以提出不實指控。要了解這個觀點，想像如果賣家可以「匿名」（和私下）向 eBay 檢舉買家勒索會發生什麼事，再想像一個無恥的賣家欺騙買家並擔心買家給予誠實的評價。因為買家懶得投訴的機會總是存在，這個賣家有誘因不做（不實的）買家勒索的公開指控，以免打草驚蛇。另一方面，賣家確實有誘因向 eBay 提出不實的勒索檢舉，因為這樣做不花成本又能提供「保險」，以防萬一買家投訴遭騙。（如果買家誠實投訴詐欺，賣家謊報勒索，他們的糾紛會演變成「公說公有理，婆說婆有理」，

eBay 也許不能解決爭端。因此，惡人先告狀，潛在上可以成為騙子的「保險」。）

▌案例 6：抗藥性大鬥法

1. Allison Aiello et al., "Consumer Antibacterial Soaps: Effective or Just Risky?" *Clinical Infectious Diseases*, 2007.

2. 有關三氯沙對老鼠影響的實驗，見 Katie Paul et al., "Short-term Exposure to Triclosan Decreases Thyroxine In Vivo via Upregulation of Hepatic Catabolism in Young Long-Evans Rats," *Toxicology Science*, 2010.

3. http://www.cdc.gov/biomonitoring/Triclosan_FactSheet.html.

4. http://www.fda.gov/downloads/ForConsumers/ConsumerUpdates/UCM206222.pdf. 食品藥物管理局在禁用三氯沙一事上持猶疑態度，似乎部分因為三氯沙在某些產品中可以有效殺菌。例如，用在牙膏中可以殺死引起牙齦炎的細菌。

5. 打地鼠是一款典型的遊樂園遊戲，「地鼠」從木板上的洞鑽出，玩家企圖用一支木槌敲打盡可能多的地鼠。這遊戲令人挫敗和滑稽的原因是地鼠移動的速度剛好比你快一點，常在你將擊中的那瞬間消失。

6. http://www.mayoclinic.com/health/hand-washing/HQ00407.

7. "2011 Summary Report on Antimicrobials Sold or Distributed for Use in Food-Producing Animals," Food and Drug Administration and Department of Health and Human Services.

8. Jim Avila, "Superbug Dangers in Chicken Linked to 8 Million At-Risk Women," *ABC News*, July 11, 2012.

9. 這個過程叫做「接合作用」（conjugation），允許相同宿主的疾病分享它們的抗藥基因。例如，一種只感染雞的疾病的抗藥性狀，可以散播到（雞群中）讓雞和人都輕度生病的疾病，然後再散播到（人群中）產生致命和劇毒的人類疾病。

10. 三氯沙爭議始於 2007 年，並在 2010 年 11 月達到高潮。當時眾議院程序委員會主席 Louise Slaughter 寫了一封公開信給食品藥物管理局，力主「消費性和個人護理產品應完全禁用三氯沙」。見 http://www.louise.house.gov/images/stories/FDA_letter_re-Triclosan_11-16-10.pdf。2011 年 7 月，沐浴護膚坊因決定推出一個新的抗菌洗手乳產品線，成為（社運團體 Beyond Pesticides）的特定目標。見 http://www.beyondpesticides.org/dailynewsblog/?p=5671，截至 2012 年 12 月，沐浴護膚坊尚未做出回應，更重要的是，據我所知，它的商店或網站尚未提供任何無三氯沙的替代品（除了特製肥皂如「香薰治療」產品線）。

11. 見 "Johnson & Johnson: Our Safety and Care Commitment", http://www.safetyandcarecommitment.com/ingredient-info/other/triclosan.

12. 這項以及其他吸血鬼的標誌，例如長指甲，其實是屍體腐化的正常副產品。但此事實無法阻止人們挖出和燒毀剛入土者的心臟。見 Paul Sledzik and Nicholas Bellantoni, "Bioarcheological and Biocultural Evidence for the New England Vampire Folk Belief," *American Journal of Physical Anthropology*, 1994.

13. Katherine Rowland, "Totally Drug-Resistant TB Emerges in India," *Nature*, January 13, 2012.

14. 抗藥性會走向「穩定化」，因為當它首次出現時，造成抗藥性的變化常使細菌以其他方式居於劣勢。安德森博士認為，這些劣勢往往隨著時間演化而逐漸消失。因此，若我們對付抗藥性的速度不夠快，即使停用抗生素，所造成的抗藥性可能無法消除。

15. 見 Dan Andersson, "The Biological Cost of Mutational Antibiotic Resistance: Any Practical Conclusions?," *Current Opinion in Microbiology*, 2006. 穩定抗藥性的實際例子可見 M. Sundqvist et al., "Little Evidence for Reversibility of Trimethoprim Resistance After a Drastic Reduction in Trimethoprim Use," *Journal of Antimicrobial Chemotherapy*, 2010.

16. 見 Ed Yong, "Fighting Evolution with Evolution - Using Viruses to Target Drug-Resistant Bacteria," *Discover*, May 2011.

17. 疫苗開發是美國微生物抗藥性跨部會任務小組的「打擊抗菌劑抗藥性公共衛生行動計劃：2012 年更新」之目標 11.2，見 http://www.cdc.gov/drugresistance/actionplan/taskforce.html.

18. 從打擊抗藥性的觀點來看，更好的是只針對疾病的抗藥性菌株。但就我所知，這種只預防抗藥性菌株的疫苗目前尚不存在，此外，還有顯著的技術障礙要克服。

19. 任何限制抗藥性細菌暴露於藥物治療的方法都能逆轉不穩定的抗藥性。除了疫苗，其他方法包括（1）少開非必要的藥，如美國疾病控制與預防中心的「放聰明點：知道何時抗生素有效」計劃所鼓勵的；（2）開藥前先診斷該疾病對藥物的敏感性（後面有更多說明）；（3）對細菌已開始發展抗藥性的特定藥物，採取限制使用。第三項做法有一例：2012 年 8 月美國疾病控制與預防中心公布治療淋病的新原則，明確指示醫師不應再開傳統的一線藥 cefixime。美國疾病控制與預防中心的愛滋病、病毒性肝炎、性病及結核病國家防治中心主任凱文・芬東（Kevin Fenton）博士解釋：「因為 cefixime 治療淋病感染的能力正在失效中，這項改變是重要的先發制『病』措施，以保護 ceftriaxone 系列的抗生素，這是目前最後一道治療防線……現在改變我們治療感染的手段，也許能爭取到必要時間來開發新的治療選擇。」見 2012 年 8 月 9 日美國疾病控制與預防中心新聞稿："CDC No Longer Recommends Oral Drug for Gonorrhea Treatment: Change Is Critical to Preserve Last Effective Treatment Option."

20. 即使醫師不改變處方習慣，抗藥性節節升高的循環並非定局。特別是，只要出現的抗藥性菌株的感染力或傳播能力低於敏感性菌株，我們可以預期，抗藥性疾病還不致盛行。這是（迄今）發生在結核病的情形。以抗生素治療結核病雖有 60 年歷史，絕大部分病例用抗生素療法仍然有效。

21. "Cepheid Receives FDA Clearance for Xpert Flu," April 26, 2011，內容可見 http://www.infectioncontroltoday.com/news/2011/04/cepheid-receives-fda-clearance-for-xpert-flu.aspx.

22. Xpert MTB/RIF 檢測結核菌比傳統的「抹片顯微技術」有效得多，後者靠視覺來偵測顯微鏡下的細菌。根據美國國際開發總署新聞稿：「抹片顯微技術對於診斷同時感染愛滋病毒和結核菌的病人特別反應遲鈍。」這是一項嚴重局限，因為同時感染結核病和愛滋病是普遍現象，而結核病是非洲愛滋病毒帶原者的頭號死因。

23. 和許多抗生素一樣，rifampin 是從細菌本身產生的分子衍生而來，是經過幾十億年微生物戰爭逐步形成的武器。（以 rifampin 為例，原本來自 1950 年代在法國蔚藍海岸土壤中發現的細菌。）不幸的是，這也意味引發疾病的細菌已對 rifampin 作戰多年，多少也發展出防禦工事，可抵抗 rifampin 的抗菌效力。這有助於解釋為何 rifampin 在單一藥物療法中，抗藥性往往很快出現，又為何 rifampin 通常用在多種藥物的雞尾酒療法中，見 James Long, "Essential Guide to Prescription Drugs: 1992," pp. 925-29.

24. 到 2013 年 1 月為止，Xpert MTB/RIF 尚未核准在美國使用。

25. 見 2012 年 8 月 6 日 USAID 新聞稿：「政府民間攜手宣布快速結核病檢測即刻降價 40 ％」，內容可見 http://www.usaid.gov/news-information/press-releases/public-private-partnership-announces-immediate-40-percent-cost.

26. 為什麼消除細菌群落中的敏感性菌株後，能使剩餘的抗藥性菌株獲得優勢，使其數目增長更快？有幾個理由。例如，假設先前感染過敏感性菌株，使免疫系統產生抗體，更能成功地打敗所有後續感染；一旦敏感性菌株消失，剩餘的抗藥性菌株將更容易打敗免疫系統。研究者也發現，當敏感性菌株和抗藥性菌株同時存在於同一宿主時，會有「排擠效應」，因此，若消除敏感性菌株的競爭，等於釋放出空間，讓剩餘的抗藥性菌株加速繁殖。（此現象叫做競爭釋放〔competitive release〕）見 Andrew Wargo et al., "Competitive Release and Facilitation of Drug-Resistant Parasites After Therapeutic Chemotherapy in a Rodent Malaria Model," *Proceedings of the National Academy of Sciences*, 2007.

27. 面對高度抗藥性疾病，也許沒有有效的預防性藥劑。在此情形下，隔離也許是減緩傳染的必要手段。

28. 由於全員參與並非必要，此處的建議與平常對抗高度感染性疾病爆發的措施有根

本上的不同。在平常做法下，圍堵疾病是必要的。相較之下，當目標只是讓抗藥性菌株居於劣勢，而非阻斷所有疾病，此時圍堵就沒有必要了。這點很重要，因為圍堵需要極端手段，例如封鎖隔離，可能引發民怨和破壞計劃的政治問題。

29. Mitchell Schwaber, Boaz Lev, Avi Israeli, et al., "Containment of a Country-Wide Outbreak of Carbapenem-Resistant Klebsiella Pneumonia in Israeli Hospitals via a Nationally Implemented Intervention," *Clinical Infectious Diseases*, 2011.

30. 見 "Guidance for Control of Carbapenem-Resistant Enterobacteriaceae（CRE）: 2012 CRE Toolkit," CDC Division of Healthcare Quality Promotion, June 2012.

31. 檢測病人是否感染抗碳青黴烯類腸桿菌屬需要 2 至 3 天。美國疾病控制與預防中心建議面對更大抗碳青黴烯類腸桿菌屬發生率的醫院採取先發制「病」的手段，隔離一切有感染風險的新病人，直到檢測顯示他們沒有染病。

32.「臨床微生物試驗室常發現很難獲致對碳青黴烯藥物敏感性的精確檢測結果。」見 Fred Tenover et al., "Carbapenem Resistance in Klebsiella Pneumoniae Not Detected by Automated Susceptibility Testing," *Emerging Infectious Diseases*, 2006.

33. 見 Neel Gandhi et al., "Extensively Drug-Resistant Tuberculosis as a Cause of Death in Patients Co-Infected with Tuberculosis and HIV in a Rural Area of South Africa," *Lancet*, 2006.

34. 在這個例子，廣泛抗藥性結核病菌除了對 isoniazid 和 rifampin 有抗藥性，也能抵抗 ethambutol、streptomycin（鏈黴素）、aminoglycosides（胺基醣甘類）和 fluoroquinolones.

35. 見 Mark Walker and Scott Beatson, "Outsmarting Outbreaks," *Science*, November 30, 2012.

36. 見 R. D. Fairshter et al., "Failure of Isoniazid Prophylaxis After Exposure to Isoniazid-Resistant Tuberculosis," *American Review of Respiratory Disease*, 1975.

37. 用 rifampin 或其他藥物作為預防劑的嘗試已數度失敗。這方面的經典研究見 John Livengood et al., "Isoniazid-Resistant Tuberculosis," *JAMA*, 1985；更近期的例子見 S. H. Lee, et al., "Adverse Events and Development of Tuberculosis After 4 months of Rifampicin Prophylaxis in a Tuberculosis Outbreak," *Epidemiology and Infection*, 2012.

38. 見 Theo Smart, "Managing MDR-TB in the Community: From Presentation to Cure or End-of-Life Care," *NAM Aidsmap*, October 18, 2010, 內容可見 http://www.aidsmap.com/Managing-MDR-TB-in-the-community-from-presentation-to-cure-or-end-of-life-care/page/1523027。

39. 儘管如此，醫院仍有很多誘因派遣內部團隊去消滅本身設施內的廣泛抗藥性結核病菌。如果病菌在夠多醫院散播，這類院內防治工作可以集體對這類病菌的廣泛

散播造成有意義的影響。

▌後記

1. 孫臏在桂陵之戰的勝利，因收錄在相傳由諸葛亮寫的《三十六計》中而永垂不
   朽。「圍魏救趙」至今仍是常用成語，意思類似美國人所說「攻擊是最好的防
   禦」。

國家圖書館出版品預行編目（CIP）資料

賽局意識：看清情勢，先一步發掘機會點的終極思考 /
大衛・麥克亞當斯（David McAdams）著；朱道凱譯.
-- 第一版 . -- 臺北市：天下雜誌 , 2015.06
　　面；　公分 . --（天下財經；289）
譯自：Game-changer : game theory and the art of
transforming strategic situations
ISBN 978-986-398-083-4（平裝）

1. 策略規劃　2. 博奕論

494.1　　　　　　　　　　　　　　　　　104009782

訂購天下雜誌圖書的四種辦法：

◎ 天下網路書店線上訂購：www.cwbook.com.tw
　　會員獨享：
　　1. 購書優惠價
　　2. 便利購書、配送到府服務
　　3. 定期新書資訊、天下雜誌網路群活動通知

◎ 請至本公司專屬書店「書香花園」選購
　　地址：台北市建國北路二段 6 巷 11 號
　　電話：（02）2506 － 1635
　　服務時間：週一至週五　上午 8：30 至晚上 9：00

◎ 到書店選購：
　　請到全省各大連鎖書店及數百家書店選購

◎ 函購：
　　請以郵政劃撥、匯票、即期支票或現金袋，到郵局函購
　　天下雜誌劃撥帳戶：01895001 天下雜誌股份有限公司

＊ 優惠辦法：天下雜誌 GROUP 訂戶函購 8 折，一般讀者函購 9 折
＊ 讀者服務專線：（02）2662-0332（週一至週五上午 9：00 至下午 5：30）

天下財經 289

賽局意識

看清情勢，先一步發掘機會點的終極思考

Game-Changer: Game Theory and the Art of Transforming Strategic Situations

作　　　　者／大衛·麥克亞當斯（David McAdams）
譯　　　　者／朱道凱
責 任 編 輯／蘇鵬元
協 力 編 輯／游重光
封 面 設 計／三人制創

發　行　　人／殷允芃
出版一部總編輯／吳韻儀
出　版　　者／天下雜誌股份有限公司
地　　　　址／台北市 104 南京東路二段 139 號 11 樓
讀 者 服 務／（02）2662-0332　傳真／（02）2662-6048
天下雜誌 GROUP 網址／ http://www.cw.com.tw
劃 撥 帳 號／ 01895001 天下雜誌股份有限公司
法 律 顧 問／台英國際商務法律事務所·羅明通律師
印 刷 製 版／中原造像股份有限公司
裝　訂　　廠／中原造像股份有限公司
總　經　　銷／大和圖書有限公司　　　　電話／（02）8990-2588

出 版 日 期／ 2015 年 07 月 01 日第一版第一次印行
定　　　　價／ 350 元

GAME-CHANGER
Copyright © 2014 by David McAdams
This translation published by arrangement with W. W. Norton & Company, Inc. through
Bardon-Chinese Media Agency
Complex Chinese translation copyright © 2015 by CommonWealth Magazine Co, Ltd.
All rights reserved.

書號：BCCF0289P
ISBN：978-986-398-083-4（平裝）

天下網路書店 http://www.cwbook.com.tw
天下雜誌出版部落格 http://blog.xuite.net/cwbook/blog
天下讀者俱樂部 Facebook http://www.facebook.com/cwbookclub

本書如有缺頁、破損、裝訂錯誤，請寄回本公司調換